中共河北省委党校（河北行政学院）资助出版

科技创新与科技成果转化路径探索

石翠仙 ◎ 著

河北出版传媒集团
河北人民出版社
石家庄

图书在版编目（CIP）数据

科技创新与科技成果转化路径探索 / 石翠仙著. 石家庄：河北人民出版社，2025.6. -- ISBN 978-7-202-17586-6

Ⅰ. G322.72

中国国家版本馆CIP数据核字第2025Q4V062号

书　　名	科技创新与科技成果转化路径探索
	Keji Chuangxin Yu Keji Chengguo Zhuanhua Lujing Tansuo
著　　者	石翠仙
责任编辑	牛海婷
美术编辑	王　婧
封面设计	寒　露
责任校对	余尚敏
出版发行	河北出版传媒集团　河北人民出版社
	（石家庄市友谊北大街330号）
印　　刷	定州启航印刷有限公司
开　　本	710毫米×1000毫米　1/16
印　　张	12
字　　数	200 000
版　　次	2025年6月第1版　2025年6月第1次印刷
书　　号	ISBN 978-7-202-17586-6
定　　价	78.00元

版权所有　翻印必究

前言

在国家发展战略上,创新始终占据着重要的地位,创新的外延不断扩大,其内涵日益深化,创新和产业结构升级、经济增长结合得日益紧密,因此需进行更深层次的研究。

党的十八大报告提出实施创新驱动发展战略,把科技创新摆在了国家发展全局的核心位置,以全球视野谋划和推动创新,走出一条中国特色的自主创新道路。习近平在党的十八届五中全会中指出:"坚持创新发展,必须把创新摆在国家发展全局的核心位置,不断推进理论创新、制度创新、科技创新、文化创新等各方面创新,让创新贯穿党和国家一切工作,让创新在全社会蔚然成风。"党的十九大报告进一步指出要深入贯彻创新发展理念,建设现代化经济体系,实现经济发展方式从"数量—速度型"向"质量—效率型"转变、经济增长动力从要素驱动向创新驱动转变、产业结构从价值链中低端向价值链中高端转变。党的二十大报告提出,到2035年,我国要实现"高水平科技自立自强,进入创新型国家前列"的目标。党的二十届三中全会提到了16次"创新",强调"在新的历史征程中更进一步创新"。从新质生产力的维度来看,科技创新是新质生产力的核心要素。从历史维度来看,科技成果是否能够转化为现实生产力,不仅要看从无到有的原创性创新,更要重视科技成果的转化,做好科技创新与产业发展的对接。

第一章科技创新总览,包含科技创新的概念及内涵、科技创新的类型与形式、科技创新的核心要素及创新链与产业链的构成。第二章科技创新与成果转化的趋势与挑战,包含技术发展新趋势与新机遇、市场需求转变及其影响、全球竞争格局变化与协作方式。第三章科技创新的驱动要素,包含政策环境和制度建设、企业文化和创新氛围、人力资源和创新团队、资金投入和技术支持。第四章科技成果转化的战略实施，包括战略定位与目标设定、组织协同与双链融合机制构建、科技成果转化路径与模式分析、创新金融支持策略、提升风险防范意识并制定应对策略。第五章科技成果转化助推产业结构升级，包括科技创新是提升产业结构升级的原动力、金融服务是提高产业结构升级的质量效益、载体构建是打造科技创新的产业生态集群。第六章科技创新驱动产业结构升级与经济增长，包括完善产学研一体化创新模式、加强经济增长软环境建设、优化工业结构与明确产业升级新方向、构建创新体系并带动区域创新发展新格局、京津冀科技创新及产业升级与经济增长策略。

  本书有以下几个特点。首先，在内容设置上紧跟时代发展所需，密切关注本学科前沿动态，将最新的理论研究成果与实际案例相结合，使读者能从更全面、更多元的视角了解科技创新和科技成果转化的最新趋势及挑战。其次，本书在结构上进行了精心的设计，既对理论部分内容进行了系统阐释，也有对具体实践案例的剖析，使读者能更系统、更全面、更清晰地掌握科技创新和科技成果转化的路径。最后，本书从多个方面对科技创新驱动产业结构升级与经济增长的方式进行了深入探讨，为相关领域的研究人员及从业者提供了有价值的参考。

  由于时间和水平有限，书中难免存在疏漏之处，恳请广大读者批评指正，以便笔者在未来的研究中不断完善。相信本书能为您带来一些新的思考和不一样的启示，同时为您的事业和生活带来更多的指导与帮助。

目 录

第一章　科技创新总览 / 001

　　第一节　科技创新的概念及其重要内涵 / 005
　　第二节　科技创新的类型与形式 / 011
　　第三节　科技创新的核心要素 / 015
　　第四节　创新链与产业链的构成 / 026

第二章　科技创新与成果转化的趋势与挑战 / 033

　　第一节　技术发展新趋势与新机遇 / 035
　　第二节　市场需求转变及其影响 / 041
　　第三节　全球竞争格局变化与协作方式 / 047

第三章　科技创新的驱动要素 / 069

　　第一节　政策环境和制度建设 / 071
　　第二节　企业文化和创新氛围 / 074
　　第三节　人力资源和创新团队 / 081
　　第四节　资金投入和技术支持 / 092

第四章　科技成果转化的战略实施 / 099

　　第一节　战略定位与目标设定 / 101
　　第二节　组织协同与双链融合机制构建 / 106
　　第三节　科技成果转化路径与模式分析 / 109
　　第四节　创新金融支持策略 / 117

第五节　提升风险防范意识并制定应对策略　/　120

第五章　科技成果转化助推产业结构升级　/　125

第一节　科技创新：促进提升产业结构升级的原动力　/　127

第二节　金融服务：提高产业结构升级的质量效益　/　128

第三节　载体构建：打造科技创新的产业生态集群　/　133

第六章　科技创新驱动产业结构升级与经济增长　/　155

第一节　完善产学研一体化创新模式　/　157

第二节　加强经济增长软环境建设　/　161

第三节　优化工业结构与明确产业升级新方向　/　164

第四节　构建创新体系并带动区域创新发展　/　167

第五节　京津冀的科技创新、产业升级与经济增长策略　/　169

参考文献　/　175

附　录　/　181

京津冀概念验证平台和中试熟化基础清单（第一批）　/　183

第一章　科技创新总览

2015年10月，在党的十八届五中全会上，习近平总书记首次提出"创新是引领发展的第一动力"这一重要论断，这是对邓小平"科学技术是第一生产力"这一重要思想的创造性发展，是新时期新阶段必须坚持的重要发展理念。习近平强调："创新是民族进步的灵魂，是一个国家兴旺发达的不竭源泉，也是中华民族最深沉的民族禀赋。"① 在中央财经领导小组第七次会议上，习近平指出："纵观人类发展历史，创新始终是推动一个国家、一个民族发展的重要力量，也始终是推动整个人类社会进步的重要力量。"② 由此可见，创新是一个民族保持旺盛生命力的关键因素。只有依靠创新，一个民族才有可能达到世界领先的地位。2020年9月11日，在科学家座谈会上，习近平指出："现在，我国经济社会发展和民生改善比过去任何时候都更加需要科学技术解决方案，都更加需要增强创新这个第一动力。"③ 其中鲜明地指出，推动经济发展的最强大动力就是创新，没有创新便不会有发展。技术进步是社会生产力发展最主要的推动力量，而科学技术能够加快社会经济发展的步伐。

"十四五"规划提出："展望二〇三五年，我国经济实力、科技实力、综合国力将大幅跃升，经济总量和城乡居民人均收入将再迈上新的大台阶，关键核心技术实现重大突破，进入创新型国家前列。"④

习近平指出："创新是多方面的，包括理论创新、体制创新、制度创新、

---

① 中共中央文献研究室：《习近平关于科技创新论述摘编》，中央文献出版社2016年版，第3页。
② 中共中央文献研究室：《习近平关于科技创新论述摘编》，中央文献出版社2016年版，第4页。
③ 习近平：《在科学家座谈会上的讲话》，《人民日报》2020年9月12日第2版。
④ 《中共中央关于制定国民经济和社会发展第十四个五年规划和二〇三五年远景目标的建议》，《人民日报》，2020年11月4日第1版。

人才创新等,但科技创新地位和作用十分显要。"① 一个国家竞争力的核心就是科技创新。科技创新将引领和激发全面创新。在全面创新之中,科技创新是国家经济社会发展中的重中之重。在党的十八届五中全会第二次全体会议中,习近平指出:"新一轮科技革命带来的是更加激烈的科技竞争,如果科技创新搞不上去,发展动力就不可能实现转换,我们在全球经济竞争中就会处于下风。"② 创新能够引领发展,并且是发展的第一动力源,还是以科技创新为核心的全面创新。要想转换发展动力,需要让科技创新适应我国经济社会发展的新常态。

习近平强调:"要发挥创新引领发展第一动力作用,实施一批重大科技项目,加快突破关键核心技术,全面提升经济发展科技含量,提高劳动生产率和资本回报率。"③ 习近平在向博鳌亚洲论坛国际科技与创新论坛首届大会开幕致贺信中指出:"当今世界,新一轮科技革命和产业变革方兴未艾,给人类发展带来了深刻变化,为解决和应对全球性发展难题和挑战提供了新路径。"④ 由此可见,想要促进经济社会的长久发展,持续提高劳动生产率,实现高质量发展,破解产能过剩和资源环境制约等一系列经济社会发展难题,唯有依靠创新。

---

① 中共中央文献研究室:《习近平关于科技创新论述摘编》,中央文献出版社2016年版,第4页。
② 中共中央文献研究室:《习近平关于科技创新论述摘编》,中央文献出版社2016年版,第8-9页。
③ 中共中央文献研究室:《习近平关于科技创新论述摘编》,中央文献出版社2016年版,第10页。
④ 《习近平向博鳌亚洲论坛国际科技与创新论坛首届大会开幕致贺信》,《人民日报》,2020年11月11日第1版。

第一节 科技创新的概念及其重要内涵

一、科技创新的基本概念

马克思在其《资本论》中指出,"智力劳动特别是自然科学的发展"是社会生产力发展的重要来源。[①] 在知识经济中,持续创新的能力是竞争优势和卓越表现的核心。奥地利经济学家约瑟夫·熊彼特(Joseph A. Schumpeter)较早地提出了"创新"一词,将创新定义为"以一种新的方式做新事物或已经做过的事情"[②]。经济合作与发展组织(Organization for Economic Co-operation and Development, OECD)在《奥斯陆手册》中梳理出"创新"一词被引用最多的一个定义:"创新是在商业实践、工作场所组织或外部关系中实施一种新的或明显改进的产品(商品或服务)或流程,一种新的营销方法或一种新的组织方法。"[③]

创新是一个线性的、不断向前推进的过程,在发明阶段,科研人员对现有的理论知识进行相关研究,这些知识是创新的重要基础。在创新阶段,关于新知识的技术被应用到某一种产品或服务中,并由此进入市场,向外传播或被销售给消费者。

从 20 世纪 70 年代开始,这种研究创新的方式不断被批评。这是因为创新的过程比人们想象的复杂得多,技术创新并非简单地产生于研究的基础阶

---

① 卡尔·马克思:《资本论》,郭大力、王亚南译,上海三联书店 2009 年版,第 36 页。
② J. A. Schumpeter, "The Creative Response in Economic History," The Journal of Economic History2, no.7(1947): 149–159.
③ Manual, "The Measurement of Scientific and Technological Activities," Proposed Guidelines for Collecting an Interpreting Technological Innovation Data162, no.30(2005): 385–395.

段,在其他不同阶段都有可能出现创新。① 该观点强调了研究创新过程在系统层面上的重要性,这一视角更为侧重研究基础、实验室、公司或企业、公共部门和组织背景等的组合。

创新可借助不同方式进行分类,如从价值创造来源、创新主体、创新类型、创新类别、创新内容等角度入手。创新也可借助创新起源、创新程度、层次或视角等不同方面进行分类。创新可涉及诸多方面,如供应来源、产品、服务、市场和组织企业等一些新的方式。② 对这几个维度之间的相关性及创新在实现可持续发展目标过程中的作用进行深入的研究,能够促进创新在这些维度上的进一步发展,并能在更广泛的层面上助推经济和社会的可持续发展。

为了更好地提高每个人的生活品质,世界需要新的技术突破及技术创新。③ 走可持续发展道路需要经历熊彼特所提出的"创造性破坏"。④ 在经济创新理论中,创造性破坏意指产业适应新环境的过程,可以让经济结构发生革命性的变化,并由此取代原有的结构。

科技创新意指利用多样化的创新主体,借助新技术,对生产要素及生产条件重新进行组合,将其应用于生产过程中,并重新配置和优化资源的过程。科技创新所强调的是对新科技成果及新知识的引入,从而创造出新的产品和服务或是新的生产方式,提高生产效率,促进经济增长。

从广义范畴来看,熊彼特创新理论⑤是定义创新概念的重要基础,它将

---

① K. Morgan, "The Learning Region: Institutions, Innovation and Regional Renewal", Regional studies S1, no.41(2007): 147−159.

② SCHALLE R A A, VATANANAN-THESENVITZ R, STEFANIA M. Business model innovation roadmapping: A structured approach to a new business model[C]//2018 Portland International Conference on Management of Engineering and Technology(PICMET). IEEE, 2018: 1−9.

③ J. D. Sachs, "From Millennium Deve Lopment Goals to Sus tainable Development Goals," The Lancet 9832, no.379(2012): 2206−2211.

④ N. A. Ashford and R. P. Hall, "The Importance of Regulat ion-induced Innovation for Sustainable Development," Sustainability 1, no.3(2011): 270−292.

⑤ 熊彼特:《经济发展理论》,何畏、易家详译,商务印书馆1990年版,第48页。

创新分为科技创新和制度创新两个方面。科技创新的侧重点是新技术与新知识,指利用创新活动来重新组织生产条件及生产要素,进而大幅度提高生产效率并创造新的价值。而制度创新则关注制度、组织和管理等方面的创新,进而推动经济社会向前发展。

在关于科技创新的相关研究中,其中一个重要的应用工具是柯布-道格拉斯生产函数[1],该函数常被用来衡量科技创新对经济增长的贡献率。

地区科技创新活动涉及在某一个地区存在着支撑科技创新的研发组织系统。[2] 国内学者傅家骥指出,科技创新活动应当结合企业在创新活动中的地位及具体情况来理解,而不能简单地将其理解为首创。[3]

科技创新的本质,是在确定的时间和空间范围内,将社会资源、技术资源及自然资源进行重组和配置,最终实现经济过程中资源的优化配置。[4] 科技创新产出的一个重要测量指标是专利授权量,它可以真实地反映科技创新的质量及其被广泛接受与认可的程度。[5]

二、区域科技创新系统理论

区域科技创新系统理论侧重于研究区域内的创新网络系统及地理空间,是一种理论框架。该理论强调了地理因素在科技创新中的重要作用,同时强调了不同创新主体间的交流、分享及知识流动的作用。区域科技创新系统理论的内涵涵盖了政策体系同企业创新努力间的相互作用关系,此种相互关系是形成创新网络系统的关键要素。

---

[1] Z. Griliches, "Issues in Assessing the Contribution of Research and Development to Productivity Growth," The bell journal of economics(1979): 92–116.

[2] P Cooke, "Regional innovation systems:Competitive regulation in the new Europe," Geoforum3, no.23(1992):365–382.

[3] 傅家骥:《技术创新学》,清华大学出版社1998年版,第35页。

[4] 陈光、王永杰:《区域技术创新系统研究论纲——兼论中国西部地区的技术创新》,《中国软科学》1999年第2期。

[5] 张亚峰、刘海波、陈光华,等:《专利是一个好的创新测量指标吗?》,《外国经济与管理》2018年第40卷第6期。

在区域科技创新系统中，各创新主体间形成了相互的沟通协作关系，如政府、高校、研究机构、高科技企业、创业者等。这些创新主体共同构建起了一个相互促进、共同发展的创新生态系统。政府在区域科技创新系统中扮演着重要的角色，高科技企业或其他企业除自发主动参与创新活动之外，还要在创新活动中投入更多的资金、技术、人力等。区域科技创新系统理论侧重系统性与整体性，在创新过程中，各创新主体间的沟通、共享与合作是核心，而非单一机构或企业的行为。

在区域科技创新系统中，创新主体间通过相互交流、协作，共享信息、资源与知识，共同创造新知识并对新知识进行扩散。知识与信息的流动及传播，能大大促进创新活动的持续性发展，同时能促进区域经济增长。借助创新网络系统的交流和合作，各创新主体能够共同解决一些棘手问题，分享彼此的经验，在这一过程中，将有可能产生新的创新成果。知识的跨界融合及传播是产生创新的一种方式，同时对于区域内或是区域外的其他创新主体来说，能够起到启发和助推的作用。

区域科技创新系统理论能够顺畅实施，离不开政府、科技企业、高校及其他创新主体的共同努力。政府在其中发挥着主导作用，负责制定创新政策，提供必要的创新支持。在科技创新的过程中，政府提供资金等方面的支持，如税收的减免优惠、创建创新平台和孵化器等，这些举措均可为创新主体提供必要的资源以及良好的创新环境。而科技企业需要积极投入创新活动，持续强化与其他创新主体的交流与合作。

为进一步扩展区域科技创新系统，增强其影响力，可采取以下一系列措施。第一，政府主动作为，营造良好营商环境，加大对创新网络系统的支持力度，鼓励创新主体间的交流与合作。第二，鼓励各层次人才的流动以及人才之间的交流。利用多种方式引进高层次、高水平人才，组织科技研讨会和创新论坛等活动，以促进不同地区间的人才交流及知识、经验的共享。第三，相关研究机构建立科学的监测和评估机制，对区域科技创新系统的日常运行状况进行定期评估，同时要根据评估结果及时调整和优化具体政策内容。

三、科技创新的重要性

经济社会发展的一个核心驱动力就是科技创新,它能从根本上推动社会经济向前发展。科技创新能够从本质上提高生产力,改善生产条件,提高产品质量,降低企业或工厂的生产成本,从而从整体上提高社会经济效益。在制造业中,科技创新可借助人工智能或自动化系统对生产流程进行优化,减少资源损耗,提高生产效率。在农业领域,人们可利用先进的农业技术优化生产过程,如精准农业的应用,利用无人机对农田进行监测、施肥、打药等,以提高农作物产量和品质,从整体上控制农业生产成本。在服务业,人工智能、云计算、大数据等新技术可帮助人们实现服务质量的提升,从而为人们提供更加个性化、便利化的服务,最终提升客户满意度和服务效率。

如今,科技创新在社会经济发展中发挥着越来越重要的作用,科技改变了人们的工作、生活和学习方式,人们的生活品质也从根本上发生了改变。科技创新为人们带来了诸多全新的产品和服务,如人形机器人、智能手机、远程医疗、在线教育、电子商务等,这些产品和服务既改变着人们的生活,也创造了很多全新的工作业态,社会在这样的变革中迅猛向前发展。科技创新在提高社会经济效率的同时,改变和优化了社会经济结构。例如,互联网技术的发展催生了数字经济,打破了传统的商业模式,几乎所有行业和领域均发生了重要变革。

科技创新影响着社会经济发展的模式及大方向。例如,环保科技的创新推动了绿色经济的发展,这迎合了人们对环境保护的迫切需求,也为社会经济发展打开了一条新的路径。科技创新从某种程度上推动了社会经济的网络化、数字化、智能化的转型进程,使社会经济发展变得更加灵活、快速、高效。

科技创新能够有效提高社会经济的竞争力,促进社会经济向着可持续发展的方向转型。如今,整个世界都在经历着经济全球化和信息化发展进程,科技创新已成为各个国家比拼国际竞争力的重要方面。新能源技术的创新倒逼能源产业结构调整,这有助于保护环境,刺激经济的长期发展。科技创新能有效提高社会经济的效率,改善社会经济发展的整体环境。清洁技术的创新和迭代，可大幅度减少环境污染，提高资源的利用效率。

在未来社会的发展中，人们应加强对科技创新的投入力度，在进行科技创新时，要充分考虑最广泛的社会需求，向着提质、降本、增效、环保的方向发展，以实现社会经济的高质量发展。

四、科技创新对个体及组织产生的影响

科技创新对个体、组织，甚至整个社会的影响均是多维而深刻的。科技创新改变了个人的工作方式、生活方式及思维方式，变革了组织的商业模式、生产方式及生产结构。从个体方面来看，科技创新将新的技术和工具引入生产实践，改变了原有的运转方式。在远程工作或是在线会议等场景中，新技术所展现出的优势更为明显。个体和组织不再受固定地点的限制，可在任意地点、任意时间办公。这种更为灵活的工作方式能大大提升工作效率，提升人们的工作满意度，从而提高生产力。

在个体的学习方面，科技创新也发挥着作用。互联网和移动技术的广泛应用让信息变得触手可及，学习变得越来越方便，方式也更加灵活。人工智能辅导系统和在线教育平台为个人提供了一种个性化的学习方式，个人可根据自身具体情况及现阶段的学习进度进行有针对性的学习。这种个性化的学习方式既能提高学习效率和效果，又有助于个人更快地适应不断发展变化的社会环境。

物联网技术、智能家居的广泛应用让人们的生活变得更加便利，人工智能和大数据的使用让人们所享受到的服务更加个性化。这些新技术的应用提升了人们生活的舒适度，为生活提供了更多趣味性。

从组织角度进行审视，科技创新的应用颠覆了传统的生产方式。人工智能、自动化、大数据的使用，提升了工作和生产的效率，大幅度减少了错误的出现，最终提高了产品质量。

在组织结构和管理方式方面，科技创新改变着诸多传统做法。决策制定和信息处理如果借助大数据和云计算，可大大提升效率。社交媒体和协作工具可提升组织内部的沟通效率，使组织变得更灵活、高效，有助于激发组织

或个人的创新能力。科技创新改变着组织的商业模式,电子商务的普及和移动支付技术的兴起与广泛应用,改变了人们传统的购物方式和支付方式。

第二节 科技创新的类型与形式

一、科技创新的类型

科技创新有诸多呈现类型,是人类社会进步和发展的重要驱动力。科技创新能改善人类的生活质量,能从根本上促进经济社会发展。科技创新主要可分为五大类:基础研究型创新、技术创新型创新、应用研究型创新、社会创新型创新、组织创新型创新。

(一)基础研究型创新

研究者在基础研究型创新中专注于对科学原理和未知领域的探索,通过理论与实验验证奠定技术突破的深层基石。机构在此过程中需要长期投入大量经费和专门人才,才能培育出极具颠覆性的原始发现。政府与社会资本若能对此给予持续关注,就能助力前沿知识与产业应用的初步对接。学术共同体在开放交流与跨学科合作中不断碰撞思维火花,可以为后续应用研究和技术发展提供源源不断的动力。

(二)技术创新型创新

企业在技术创新型创新里主要聚焦对已有科学原理的应用拓展,通过迭代改进与工艺优化满足市场对效率与性能的追求。科研团队若能结合前沿理论与工程技术,就能在产品设计、材料升级或生产工艺上形成实质性突破。政府部门在专项资金与产业政策上若能进一步引导,就能推动关键技术实现规模化与商业化应用。市场竞争在技术创新过程中起到了强大的驱动作用,领先者通过技术壁垒巩固地位,后来者则在激烈追赶中寻找新的差异化路径。

（三）应用研究型创新

高校与科研机构在应用研究型创新中侧重将基础理论转化为满足特定需求的解决方案，通过试验验证与小范围试点来评估成果的可行性。企业若能及时介入应用场景测试，就可缩短技术落地的迭代周期。政府部门在这一环节若能整合公共资源与配套服务，就能帮助应用研究成果尽快跨越实验室与市场之间的鸿沟。社会资本在投入资金与后续进行产业化运营时也能获得更稳健的回报，实现对创新成果的二次孵化与放大。

（四）社会创新型创新

公益组织与基层社区在社会创新型创新中专注于社会问题的发现与解决，通过多元主体协同让教育、医疗等领域的现状获得创新性改善。政府若能在监管与扶持之间保持平衡，就能为社会创新拓展更广阔的发展空间。企业与个人投资者在关注社会价值的同时可探索可持续商业模式，兼顾社会影响与经济效益。学术界与公益界可以在这一过程中通过研究方法和实证评价反馈，不断为社会创新项目校准方向，并提升其内生动力。

（五）组织创新型创新

管理团队在组织创新型创新中注重结构与流程的重塑，通过灵活的制度设计与跨部门协同激发员工创造力。企业若能建立扁平化的指挥链与开放式沟通平台，就能在内部形成持续学习与快速响应的生态。科研机构与公共部门在组织模式上若能导入市场机制或项目管理思维，就能在资源配置与决策效率方面保持更高效能。数字化工具与平台化协作为这一创新形态提供了技术支撑，也为组织的绩效提升和可持续成长带来了全新机遇。

二、科技创新的形式

（一）新产品的研发

新产品的研发往往被视作科技创新的核心路径之一，因其能够直接推动社会生产力的提升并满足日益多样化的市场需求。在进行新产品研发时，需要综合考虑技术可行性、市场潜力以及资源投入等多重因素，以保证研发成果能够在商业和社会领域实现广泛应用。研发团队应先建立起系统化的技术路线，借助文献调研、专家咨询及竞品分析等方式获取所需信息，并结合企业或研究机构的战略定位来确定研发方向。跨学科、多领域的协同创新机制也在逐渐成为新产品研发中不可或缺的元素，借助现代信息技术与数字化工具，人们可在研究过程中实现数据的实时共享与知识的有效整合。

在研发阶段需要注重对风险的前瞻性评估和管理，包括对技术可行性和市场需求不确定性的预测，以及对研发周期和成本投入的有效掌控。构建多元化的研发团队，可提升研发效率和创新成果的质量。在团队内部，科学的分工与流程管理能够有效降低技术瓶颈所带来的阻力，并提升创新成果转化的成功率。新产品研发是技术突破与功能创新的过程，并涵盖了对用户体验、环境影响以及社会价值的综合考量。在研发决策中引入用户反馈、伦理审查和可持续评估环节，可以帮助研发主体更好地理解社会需求，并加速创新成果的迭代与推广。唯有在技术与社会需求之间达成有效衔接，新产品的研发才能真正发挥科技创新的引擎作用，并在宏观层面为经济转型与高质量发展注入长久动力。

（二）新服务的提供

随着社会分工的细化和消费者需求的升级，新服务的提供成为衡量科技创新成果的重要维度。服务业的创新既是对传统服务形式的改造，也是行业与数字技术、人工智能及大数据分析等前沿技术进行深度融合的过程。引入智能化手段，服务提供方能够更好地预测和满足用户的个性化需求，为客户带来增值体验和高附加值收益。在此过程中，服务设计的理论与实践方法不断丰富，而用户研究、服务蓝图绘制以及价值共创等理念，可以使创新与用户需求紧密衔接。平台经济模式的迅速崛起推动了新服务跨行业、跨地域的拓展与融合，传统行业也可借助平台思维提升整体的服务效能，进而形成"互联网+服务"的创新生态。为了确保服务创新能够获得可持续的竞争优势，提供方需在技术积累与人才培养上不断投入，并建立完善的数据治理与安全体系，以应对信息泄露和数据滥用的潜在风险。与利益相关方保持密切协同也是关键，借助与政府、科研机构及其他商业主体的合作，服务型创新可在政策支持、技术赋能和市场推广方面获得更稳固的支撑。新服务的提供在满足多元化市场需求的同时，促进了经济结构从以产品为中心向以服务为中心的转型升级，是数字经济时代下进一步扩大科技成果影响力的关键环节。

（三）新技术的应用

新技术的应用往往在科技创新过程中起着关键的桥梁作用，可借助生产、生活及公共管理等不同层面的试点与推广，为社会带来效率、效益和价值的多重提升。当前，人工智能、区块链、物联网、基因编辑等前沿技术的快速迭代，使技术与社会需求之间的互动更加紧密。为了确保新技术能够切实发挥其潜能，人们需要在实践中构建涵盖科研、教育和产业的立体化环境，鼓励多方主体共同参与和反馈。在企业内部，人们可借助技术路线评估和阶段性测试等方式，对应用成果进行定量与定性评估，从而持续优化技术产品或解决方案。在公共管理和社会服务领域，新技术的试点应用还需得到政策法规的配套支持，政府与相关机构应通过制定鼓励性政策、发布行业标准以及规范技术伦理等方式，为新技术的创新应用营造健康发展的外部环境。应用主体还应兼顾社会效益与环境可持续性，在技术落地的过程中预判潜在风险，并对运行机制进行动态调整。尤其对于人工智能这类具有自主学习特征的技术，更要关注算法决策对社会公平、个人隐私以及安全性的影响。唯有让技术与产业链、社会管理和法律规范之间形成良性互动，新技术的应用才能真正释放出创新潜力，实现从实验室到现实世界的高效转化，并在宏观层面助力经济社会的深度变革。

(四) 新生产方式的探索

新生产方式的探索是对传统生产范式的突破与革新，往往体现为数字化、智能化与绿色化在生产全流程中的深度渗透。融合先进制造技术与新一代信息通信技术，可以实现从设计到制造，再到物流与销售的全流程智能化，形成一个高度协同的生产体系。此种模式可提升生产效率与资源利用率，更能够借助灵活的定制化与小批量、多品种的生产方式来满足快速变化的市场需求。为保障新生产方式的可持续推广，人们需要重视对生产过程中的数据流与信息流的有效管理，利用数字孪生技术或虚拟仿真平台等工具，及时对生产中可能出现的问题进行预测和干预。相关的人才结构和组织形态也需进行相应调整，制造企业需配备具备跨学科知识与数字技能的团队，以便在技术迭代周期大幅缩短的时代背景下保持竞争力。在碳中和与绿色发展目标的推动下，越来越多的工业和服务业机构亦在尝试运用节能减排技术、循环经济模式等手段，在探索新生产方式的同时实现环境保护与经济效益的平衡。新生产方式的创新常常依赖产业链上下游的协同与共创，只有整合研发、设计、制造及售后各环节，并结合开放的技术标准与系统接口，才能形成具有可持续性竞争优势的创新生态。借助持续的研发投入与制度创新支持，新生产方式将成为驱动未来经济增长与社会进步的重要力量，也为完善全球价值链提供了更为广阔的机遇。

第三节 科技创新的核心要素

一、创新主体：激活科技创新的主体动能

(一) 建立健全科技创新法律保障体系

政府需要从法律制度设计层面，为科技创新活动提供系统化、前瞻性和操作性强的规范指引。立法机关应当根据技术发展趋势和产业实践需求，持

续修订或颁布与科技创新相关的法律法规，通过明确产权归属、明确收益分配以及强化违约责任等具体条款，确保研发投入和成果转化等环节具有可靠的制度保障。司法部门可以在知识产权纠纷处理、科研成果归属认定以及科研人员权益维护等领域，建立高效、公正、便捷的纠纷解决机制，通过专业法官队伍建设、知识产权法庭设立以及诉讼程序简化等方式，提高科技创新环境的稳定性与可预期性。高等院校和科研院所需要在有法律保障的基础上，完善内部制度和科研管理规范，通过设立合规性审查、伦理委员会评估等程序，对涉及人体安全、公共健康、生态环境等方面的关键科技研究进行事前审查与风险评估，从而在保障科研自由与合规运营之间取得平衡。企业应该借助法律保障体系，强化自身研发合规管理和知识产权保护力度，积极利用专利、商标、版权等多元化的保护形式提升核心竞争力，并通过合同约定、技术秘密保护等方式维护商业秘密，推动企业技术成果的规模化应用与商业化落地。

社会团体和行业协会则可以发挥第三方监督与专业评估的作用，通过制定技术标准、引导行业自律和协同管理等方式，增强企业、高校及科研院所对法律制度的理解与遵守，进而在行业层面形成统分结合、有序竞争的创新生态体系。跨国研究合作和国际技术交流同样离不开法律保障，相关部门需要在国际条约的谈判与执行中，坚持科技主权与国际合作并重，既要注重对本国核心技术的安全保护，也要兼顾国际科研协同创新方面的制度衔接与标准对接，从而在全球范围内构建互利共赢的科技创新法律环境。各类创新主体应当在这一健全的法律框架下，明确各自的权利与义务，形成以鼓励探索、保护创新成果和促进技术迭代为目标的法治环境，实现从技术研发到产业应用再到市场反馈的全方位良性互动。

（二）完善技术创新的市场导向机制

市场应当作为配置创新资源的主要力量，通过价格信号、供需对接和竞争环境的不断优化，激发企业、高校和科研院所的创新活力。政府可以通过财税政策、金融政策和产业扶持政策的动态调控，为企业创新提供多样化的融资渠道与优惠税制，以鼓励更多社会资本投入研发活动。风险投资机构应该积极发挥资源整合与战略引导的功能，通过筛选优质项目、注重技术可行性与市场潜力等方式，形成从天使投资到后期并购的一体化投融资体系，从而帮助初创科技企业获得持续发展所需的资金与智力支持。高等院校和科研院所需要根据市场需求优化学科设置与科研选题，强化与行业龙头企业的产学研合作，共同开发具有应用前景和商业价值的科研成果，并在成果孵化、技术评估和知识产权运营等方面探索可行的操作路径。企业则应当紧扣市场机遇，将研发方向与市场痛点、用户需求相结合，通过精细化的市场调研、快速迭代的产品更新与精准的差异化定位，切实提升技术成果的市场竞争力。

行业协会应当针对不同细分领域制定市场准入标准与竞争规范，通过鼓励公平竞争和推动公共技术平台建设，降低中小企业技术创新门槛，并引导市场主体在公平有序的环境中各展所长。消费者也能通过"用脚投票"或参与用户测试、众筹等方式，为创新成果提供真实有效的市场反馈，使技术研发始终与消费趋势和社会需求保持高度耦合。海外市场开发同样需要重视，企业应在立足本土市场的基础上积极开展全球化布局，通过跨境并购、国际合作研发和出口贸易，充分释放我国在新兴技术与应用场景方面的竞争优势。这样一种以市场需求为导向的创新机制，能够实现需求端与供给端之间的有效匹配，帮助各类创新主体在激烈的国际竞争中占据更为主动与有利的地位，并通过规模化效应与产业协同为经济高质量发展注入持久动力。

（三）强化科技创新的统筹协调机制

国家层面的相关组织应该扮演宏观统筹与整体布局的角色，通过系统性规划和部门联动，将基础研究、应用研究与产业化推广紧密衔接起来。政府需要在科技规划中明确关键核心技术攻关的优先领域与重大专项，并通过跨部门协调机制整合财政资源、政策工具和人才培养体系，为科研院所与企业提供可持续性和有针对性的支持。地方政府应当结合区域产业特色与比较优势，构建上下衔接、区域协同的科技创新体系，在大型科研平台建设、重大技术实验基地布局和成果转移孵化等关键环节形成差异化、互补性的发展格局。高校和科研院所可以利用多学科交叉与人才聚集的优势，与地方政府、行业企业等通力合作，推动科研项目从基础研究向应用实践的渐进式转移，通过协同攻关与集成创新，解决制约产业升级与社会发展的瓶颈问题。企业需要运用市场化思维积极融入这一统筹协调体系，在产业链上下游的资源调度、共性技术平台共建以及创新生态圈构建等领域发挥主导作用，并通过企业联盟、产业园区等形式实现信息互通与资源互惠。社会组织同样需要在统筹协调中发挥纽带作用，行业协会应当承担行业标准制定与技术路线推广的责任，创投机构应当加强对前沿技术的风险评估与投资引导，职业教育机构应当调整人才培养计划以匹配产业转型需求，从而使各类主体在多层次、多领域的协同创新中形成合力。

国际合作层面需进一步加强统筹协调，各国政府可以通过签订多边或双边科研协议、组织建设联合实验室或跨国技术联盟等方式，汇集全球科研力量和研发资源，尤其是在应对全球气候变化、公共卫生安全等重大挑战时，提升跨国协同创新的成效。信息共享与成果交流机制也应当进一步完善，通过建立统一的科研数据平台、进行科研成果的公示与评价以及鼓励跨学科、跨领域的学术交流，让创新主体在更广泛的网络中获得所需的技术、人才与市场信息。只有在强有力的统筹协调之下，科技创新的各方力量才能实现系统性耦合，以更高效率和更强韧性推进从科学研究到产业升级再到社会应用的创新发展，从而为经济社会发展创造源源不断的动能，并在激烈的国际科技竞争中掌握主动权。

二、创新文化：扩大科研文化创新影响力

（一）普及并培养科学精神

社会各界应当将普及并培养科学精神视为推动创新文化发展的基石，通过多层次、多维度的教育与宣传，让科学精神的种子深植于大众心中。教育部门需要在基础教育阶段渗透科学思维与实践探索理念，调整课程结构与教

材内容，通过实验课程、课外实践以及科普讲座等方式，让青少年在亲身体验与反思中感悟科学方法的严谨性与开放性。学校管理层应该为学生提供更多动手实践与跨学科交流的机会，通过创新实验班、科技社团和学科竞赛等路径，引导学生主动提出假设、质疑与论证，培养学生追求真理、勇于探索的科研品格。教师群体必须将科学精神贯穿于日常教学和学术指导之中，在授课过程中注重对基本原理与研究方法的剖析，并以真实案例和学术争议为依托，启发学生对科研过程的多重理解与审慎思考。社会科普机构需要面向更广泛的公众，通过科学节、科研开放日和博物馆互动展等形式，让人们在轻松、有趣的氛围中学习专业知识，鼓励社会大众对科学研究保持好奇心和探究欲。媒体平台应该减少浮夸宣传和噱头式炒作，用通俗易懂却又不失严谨的方式报道前沿科技进展，让更多人明白科学发现与技术突破背后所蕴含的科研人员的努力与理性精神。政府部门必须从制度层面构建科普长效机制，投入专项资金支持科普创作、科学教育和群众性的科学传播活动，并在政策设计时考虑到不同社会群体的知识结构与接受方式，从而真正实现科学普及的覆盖面与精准性。

（二）弘扬科技强国的科学家精神

在普及科学精神的过程中，国家层面还需要不断弘扬科技强国的科学家精神，引导学术群体与全社会共同打造奋勇创新、服务国家的知识共同体。科研管理部门应该在评价体系中将科学家精神的体现与践行作为重要维度，关注其学术成果与论文影响力，还要将科研诚信、团队协作与社会担当纳入考核标准，推动形成面向国家重大需求与人民福祉的科研价值观。高等院校和科研院所需要在日常管理制度中强化对科学家精神的倡导，通过典型示范、荣誉表彰以及案例分享等形式，让青年科研工作者深刻体会老一辈科学家为国家科学事业所做的无私奉献与艰苦奋斗，并在此基础上升华个人学术理想，增强责任担当。资深科学家应当主动担当学术带头人的角色，引领年轻科研人员秉持求真务实的科研作风，通过严格的实验设计、充分的数据论证和诚实的学术态度，捍卫科研的严肃性与专业性。

相关行业协会可搭建跨单位、跨区域的专家联盟，让不同领域的专家学者在协同攻关中持续传承和弘扬科学家精神，并兼顾新兴学科的交叉融合与边缘学科的培育壮大。政府与社会组织也要在大众传媒及科普宣传中突出对科学家精神的宣传，让社会理解科学家的艰辛与责任，让年轻一代在成长过程中树立"献身、求实、创新、协同"的科研价值观，为下一个时代的重大科技突破奠定扎实的人才与文化基础。企业界同样需要学习并弘扬科学家精神，通过设立内部科研创新荣誉、设置企业讲席教授或科研导师等方式激励研发人员在工作中积极进取，并在技术开发与项目实施中始终秉持诚信等原则，将科学家精神转化为企业长远发展的根基。

（三）形成尊重科技创新的良好氛围

在普及科学精神和弘扬科学家精神的基础上，各方力量需要共同形成尊重科技创新的良好氛围，将创新文化内化为全社会的一种共识与追求。政府部门应当在公共政策与法律法规上明确对创新活动的支持与保护，对参与重大原创性成果研发的相关科研人员给予多维度的激励与保障，通过健全知识产权制度并实施高水平学术评价体系，确保创新者的合法权益受到保护。科研组织与高校可以通过学术研讨会、学科交叉论坛和校企对接会等平台，让科技工作者和社会大众实现双向沟通，使前沿研究成果走进寻常百姓家，也让普通公众对科研过程中的不确定性与探索性有更加理性与包容的认识。

企业界必须将科研成果应用和技术创新视为战略性资产，尊重技术人员的专业自主权和创造性劳动，为其提供宽松、自由的研究环境与适当的激励政策，从而吸引更多高水平科研人才投身企业研发体系。媒体与文化产业在营造创新氛围上应当承担起主体责任，通过拍摄科技题材影视作品、策划深度报道或举办跨界科普展览等方式，展示我国在航天、人工智能、新材料等尖端领域的科技成就，激发公众的民族自豪感与创新热情。城市社区与各级基层组织也需要通过开展科技沙龙、搭建创客空间或举办社区创新活动等方式，让居民在生活场景中体验到科技带来的便利与乐趣，从而将对科技创新的热爱与支持落到实处。国际层面也需要进一步加强科研文化交流与互鉴，通过与国际组织、高水平科研院所和跨国企业的合作，吸收国外先进经验并彰显本土特色，让我国科研文化在全球范围内持续扩大影响力与号召力。这样一种自上而下与自下而上共同推进的文化氛围，必将进一步释放各类创新主体的创造活力，支撑我国在全球科技竞争格局中不断提升地位，为经济与社会的长远发展提供源源不断的内生动力。

三、创新价值：秉持科技创新的正确导向

（一）强化学术诚信及学术规范

学术共同体需要率先强化学术诚信及学术规范，通过严格的自我约束与制度化管理确保研究行为的高标准与高质量。科研管理部门应该针对学术不端行为落实更加严格和细化的处罚与约束措施，让学术造假、数据造假和署名不当等现象在源头就被识别与遏制。高等院校必须在研究生培养和教师考核中深化学术道德方面的教育与监督，通过开设学术规范课程、设立学术伦理委员会以及完善导师负责制等方式，引导青年学子养成尊重事实、忠实记录和严谨分析的科研习惯。各类科研机构可以通过内部审计与同行评议相结合的模式，对重要研究节点与成果进行多方位鉴定，在学术论文发表、科研项目立项和技术专利申报等环节严格把关，从而构建起一套行之有效的学术质量监控制度。资深科研人员需要以身作则，积极推动团队形成"从源头到结果皆严谨，从细节到整体皆负责"的研究文化，鼓励科研人员及早公示并修正数据偏差或可能的实验漏洞，让科研过程更加透明、可信。

学术期刊和出版机构应当优化稿件审查流程和学术同行评议机制，通过建立统一的数据库对重复发表、学术剽窃等行为进行快速比对与识别，并在发现疑似学术不端行为时及时与作者、评审专家及其所在单位沟通协调。企业研发中心同样需要学术诚信与技术规范并重，在与高校或科研院所合作时注重成果共享与署名公平，并在专利申请、行业推广过程中遵守相关法律法规，以保证科研成果具有合法性与公信力。公共机构与行业协会可以在此基础上积极营造公开透明的学术氛围，通过宣传典型案例和研究规范，为广大

科研工作者树立道德标杆,让学术诚信与规范成为科研的底线要求,更成为推动实现创新价值的重要动力。

(二)保持科研的开放性与包容性

教育界和研究机构在坚守学术诚信时需要保持科研的开放性与包容性,让不同学科、不同背景以及不同国别的创新力量都有机会在同一平台上碰撞思维、汇聚成果。高等院校应该在学科建设中鼓励多学科交叉融合,通过跨院系的科研项目、联合实验室或交叉研究平台,打破专业壁垒并汇集多种人才,让新的方法论和技术路径在交叉地带迅速成长。科研基金会可以设置跨领域合作项目或设立"共性关键技术"专项,鼓励物理、化学、工程、医学、社会科学等不同领域的研究者针对社会重大问题或产业重大需求开展联合攻关。国际学术交流活动也需要持续拓展,科研管理部门可以建立完善的出入境科研合作机制,并设立国际联合实验室或科研工作站,吸引更多海外高水平人才共同参与前沿研究。

企业界应有效利用开放环境,在产学研合作中引入新鲜思维与先进理念,通过与海外高校、跨国公司和国际研究团队合作,快速掌握关键技术并进行本土化改造,形成全球范围内的创新协同网。社会团体、非政府组织以及民间创客群体同样需要得到包容与支持,政府部门可以通过创客补贴、社区创新空间开发等方式,让小微创新者在资源相对有限的情况下也能得到专业指导与成果转化的机会。大型公共科研基础设施更应采取开放共享的模式,为不同层级、不同地区的科研团队提供设备支持和数据资源,让原本分散的科研力量通过包容开放的环境凝聚为高效协作的创新体系。新闻媒体和文化机构可以通过多语种、多形式的科学传播与公共讨论,促进国内外科学思想的互鉴与碰撞,让科研的开放性和包容性在更广泛的社会层面生根发芽,为突破学科边界和国家边界提供坚实的舆论与文化支撑。

(三)构建完备的科研评价体系

科研领域要想强化诚信与开放的氛围,需要构建完备的科研评价体系,以更合理、更科学和更多元的视角衡量科研工作的价值与影响。政府部门应当从顶层设计层面推动科研评价改革，摒弃单纯以论文数量或影响因子作为评价标准的做法，注重科研成果对国家战略需求和社会民生的实际贡献。行业主管机构可以联合专业学术组织编制评价指引，针对基础研究、应用研究和产业化研究设立差异化的评估指标，让不同类型的研究都能获得公平的评价机会。高等院校和科研院所需要在内部绩效考核中建立多维度的评价体系，将学术诚信、团队协作、学科交叉、研究生培养质量以及社会服务等因素纳入考核之中，用综合指标替代片面指标来衡量科研人员的工作绩效和学术潜力。同行评议制度也需要更加公开、公正和透明，学术期刊可以落实双向匿名或公开评审机制，以减少人际关系、学术圈子等因素对论文评价的干扰，并通过引入独立评审人或数据审计专家的方式来提高评审的专业度与信度。

科研资助机构应在项目结题验收中通过实地考察、用户反馈或社会影响力评估来综合判断项目价值，而不能只看论文数量和专利数量，这样才能实现对科研过程的全过程监督与结果回溯。公共数据平台需要进一步完善，让科研过程中的中间数据与实验记录在条件许可的范围内得到及时共享，同时保护涉密信息和个人隐私，为后续研究提供可复用与可检验的数据基础。社会资本和创投机构也应当结合自身投资逻辑与产业发展方向，运用多元化指标来评估技术创新的商业价值与社会效益，从而在市场层面形成对科研工作的正向激励。媒体与公众的认知与互动也需要纳入评价体系之中，媒体应通过对科研成果的科普化表达与社会化解读，帮助大众正确理解科研贡献与科研风险，使科研评价不再停留在学术圈内部，而能更好地与社会需求产生良性互动，最终让创新价值在经济与社会层面得到最大限度的释放。

四、创新效能：提升科技创新整体效能

（一）增强科技创新驱动发展的组织协调力

政府首先需要增强科技创新驱动发展的组织协调力，通过明确跨部门、

跨区域以及跨层级的协作机制，让科技政策、产业政策和区域发展政策形成合力。地方政府应当结合自身资源禀赋与产业特色，设计有针对性的科研扶持方案，与中央层面的部门在重大科技工程和关键核心技术攻关方面实现无缝对接。行业主管部门必须统筹各领域的科研需求与发展现状，打破传统条块分割的管理模式，针对能源、制造、信息、生物、环境等关键行业制订差异化的发展路线图，引导科研力量向"卡脖子"领域和前沿交叉领域集中。国家级科研专项管理机构需要优化项目立项与资源配置流程，通过动态评估与滚动支持等机制确保科研项目获得持续投入，并通过绩效评估与过程审计提升科研经费的使用效率。科研院所与高校则必须与企业、地方政府共同组建产学研协同创新联盟，在项目申报、研究开发和应用转化各个环节及时共享信息、共享成果，并在项目管理中引入市场化和社会化的运作方式。社会组织与行业协会要在政府与科研机构之间发挥桥梁作用，通过开展行业调研、举办技术论坛、汇总产业痛点等方式，为主管部门制定产业支持政策提供决策参考。

金融机构和风投基金需要与科研主管部门及科研团队保持紧密沟通，通过专项融资、信用担保和风险补偿等途径减轻科研单位与中小微创新企业的财务压力，使更多科研想法有效落地。国际组织与多边科研合作平台也必须被纳入国家科技创新的统筹布局，为关键技术与稀缺资源的全球化整合创造有利条件，让国内科研力量更深度地融入世界创新网络。这样一种层层推进、条块协同的组织协调力，能够为科技创新的宏观布局和微观实施提供强有力的制度保障与资源供给，并最终有助于各类主体在统一的战略框架下精准发力。

（二）提升科技创新供给能力

科研管理部门需要进一步提升科技创新供给能力，通过优化基础研究、应用研究和产业化推广的资源分配比例，为不同研发阶段的创新行为提供稳定且多元的支持。高校必须在基础研究端聚焦原始创新与学科前沿，为学术突破和重大理论创新创造良好的环境，通过自上而下与自下而上相结合的课题设定模式,让学科交叉与研究灵感在更大空间中涌现。研究院所要针对行业关键技术瓶颈与共性技术需求,搭建跨学科、跨领域的科研平台,加强对新兴技术路线的预研和评估,不断为下游企业提供成熟度更高、稳定性更好的技术储备。企业研发中心则应当以市场需求和用户痛点为导向,将高校与科研院所的前沿技术快速转化为可规模化生产的产品或服务,通过迭代式研发与商业模式创新在竞争激烈的市场中占据优势。政府科研专项和重点实验室需要持续提高对应用性研究的投入比例,为产业化过程中的验证性实验和中试环节提供资金与人才支持,并为高风险、高潜力的探索性研究留出一定的弹性与容错空间。

行业协会和科技中介服务机构可在评估技术成熟度、提供技术咨询与知识产权服务等方面发挥专业优势,使中小企业在资源有限的情况下也能获取必要的技术指导和应用示范。社会资本应当与科研供给方展开更频繁和更紧密的对接,不仅要提供资金,更要带来市场化视角和管理经验,使科研成果能更快速地完成商业模式验证并实现产业落地。国际科研机构与跨国公司的进入同样需要被积极引导,相关部门应当通过开放式合作、联合攻关和人才交流为国内科研体系注入更多全球创新要素。

(三)提升科技创新投入与产出绩效

政府、科研机构以及企业在提升组织协调和供给能力的基础上,需进一步提升科技创新投入与产出绩效,通过科学的投入机制与有效的产出转化手段实现创新价值的最大化。财政部门必须优化科研经费的拨付模式,减少预算冗余和重复立项,确保资金流向最需要投入的领域与最具潜力的科研团队,并建立绩效考核的动态调整机制,根据研究进展和目标完成情况及时调整资助规模或项目周期。科研院所和高校需要完善内部预算管理与绩效评价体系,让科研团队在立项初期就树立面向结果与面向应用的科研理念,并鼓励科研人员在项目推进中与产业界及社会需求保持双向沟通。企业则要将研发视为核心投入,建立从技术储备到产品迭代的全流程绩效管理体系,通过对关键节点的阶段性评估来调整研发方向或追加资源投入,并在项目收尾阶段注重成果转化与市场推广的衔接。

金融机构与投融资平台可在项目立项之初介入评估工作,通过多元化的金融工具、风险共担机制和股权投资等为企业研发保驾护航,助力企业发展。科技服务机构需要利用其专业化与市场化的优势,为项目团队提供知识产权运营、技术交易撮合、标准化检测等方面的全流程支持,并通过增值服务与绩效分成的方式与科研团队形成利益共同体。监管部门和社会评价机构应当在项目收官后发挥"事后监督与社会审计"的作用,通过引入独立专家或第三方评估机构对成果的市场影响力、技术成熟度和社会效益进行公正衡量,防止出现过度包装或数据夸大现象。国际合作伙伴同样可以在项目后期成果共享与推广环节中发挥作用,通过在全球范围内寻找应用场景与潜在客户,将国内的原创技术快速推向国际市场,并在跨国供应链中实现协同与互利。

第四节 创新链与产业链的构成

一、创新链

(一)创新链的概念界定

学术界需要从创新链的概念界定出发,通过剖析创新活动在不同环节所起到的作用与产生的效应,为科技和经济的发展提供系统性参考。研究者往往将创新链视为从新知识产生到新产品或新服务进入市场,并进一步在社会中发挥效用的全过程,这一链条涵盖了多种类型的创新形态与多样化的参与主体。政府部门通常在创新链的宏观管理与政策制定中扮演重要角色,围绕基础研究、应用研究以及成果转化等阶段为各类创新主体提供差异化支持;企业界则通过研发投入与市场化运营,让创新链中的技术研发和商业策划形成紧密衔接,使研发成果能够顺利落地并获得经济回报;高校与科研院所也需要在创新链的前端持续产出高水平科研成果,并在后续与企业、社会组织等主体的协同中推动科技突破;社会资本和创投机构则在资金与资源整合方面提供关键助力,通过投资机制与创业孵化平台让创新项目跨过早期的不确定性与风险门槛;消费者与普通公众在创新链的末端通过购买决策、使用体验和反馈改进,为创新链的可持续发展提供现实检测与市场驱动。

(二)创新链的特征

理论研究需要重点关注创新链的特征,通过连续性、协同性以及迭代性等维度的辨析,为政策设计与企业战略提供逻辑支撑。创新链往往体现出环节相连、阶段递进的连续性,从最初的概念构思到后期的规模化应用,每个阶段都与后续环节密切相关。实践部门在进行资源分配和流程管理时必须考虑到创新链的连续性,确保前期研发成果与后期市场推广可以无缝衔接。创新链还具有协同性特征,科研单位、企业、政府机构、金融资本以及最终用户都需要在信息流、资金流和人才流方面紧密沟通与协作,唯有在多主体联合发力的情况下,创新链才能顺利运转并不断拓展创新边界。创新链同时具备迭代性,技术升级和市场反馈往往会倒逼研发策略或商业模式的调整,让创新链在运行中不断优化,从而形成持续改进和滚动更新的效应。管理者必须基于创新链的这些特征来构建精准的支持与监督机制,以提高创新的效率与质量。

(三)创新链的构成

产业实践需要进一步理解创新链的构成,通过"要素整合—研发创造—科技创新商品化—社会效用化"四大关键环节的动态衔接,提升创新对经济与社会发展的贡献度。创新主体在要素整合环节必须从市场、技术、人才、资金、政策环境等方面进行全方位评估,通过资源共享与跨界合作为创新项目打好基础。科研团队在研发创造环节则需要聚焦核心技术攻关与原理突破,在充分掌握行业痛点与科学前沿的前提下设定具有挑战性的研究目标,并借助精密实验、数据分析和多学科协同孕育颠覆性成果;企业与中介服务机构在科技创新商品化环节承担着将技术转化为具体产品或服务的任务，要深入分析目标用户需求，也要配合专利申请、技术许可和市场推广等商业环节，让新的技术形态尽快获得商业回报；社会各界在社会效用化环节需要评估并反馈新产品或服务在实际使用过程中的效益与不足，引导企业和科研机构进行二次研发或迭代优化，将创新价值向更广阔的社会层面延伸，实现对公共利益和社会福利的长远贡献。

二、产业链

（一）产业链的概念界定

经济学界需要在产业链的概念界定中强调产业活动从原材料采购、零部件生产到产品最终交付以及售后服务的全程联动，使产业链成为研究产业布局与发展战略的重要分析工具。产业链往往被视为不同生产单元与价值节点的有机链接，是通过纵向分工与横向协同形成的整体化的价值创造体系。政府部门在推动经济转型与结构升级的过程中通常会基于产业链的思路制定产业政策与区域产业规划，关注上游供应、中游加工和下游分销之间的紧密关系。行业龙头企业则需要围绕自身核心竞争力在产业链中寻找最佳定位，通过整合上下游合作伙伴、提升效率并降低成本，巩固企业在全球或区域价值链中的地位。中小微企业也可以在特定的环节或细分领域深耕专业化运营，成为产业链中的"隐形冠军"。跨国公司根据产业链职能可以在全球范围内划分区块，让不同国家与地区凭借其人力、技术或资源优势承担相应环节，从而形成跨国协同的生产网络。多种利益相关方相互作用构成了庞大的产业链生态系统，使产业发展不再是单点突破，而是全程统筹。

（二）产业链的内涵

企业界和研究机构需要把握产业链的内涵，通过价值增值、分工协同和产业集聚三个层面来理解产业链对经济增长的深层次影响。价值增值意味着产业链的每一个环节都可以通过技术迭代、管理优化或品牌增值来提升产品或服务的综合价值,并且这种提升可以最终反映到整个产业乃至区域经济的竞争力的提升上;分工协同则要求各参与主体明确自身在产业链中的功能定位,并通过信息流和物流的高效对接形成协同效应,在规模化与专业化的双重驱动下提高整体产能与收益;产业集聚作为产业链内涵的延伸,往往通过区域或园区的形式将产业链上下游集中在相对邻近的地理空间中,这既降低了物流和沟通成本,也提升了技术与市场信息交流的效率。政府和社会机构若要推动区域经济快速崛起,必须全面考量产业链的价值增值、分工协同和产业集聚特征,让资源、人才和产业配套设施相互促进,形成产业发展的良性循环。

(三)产业链的构成

产业实践需要立足于产业链的构成,从原材料获取、生产加工、营销渠道乃至售后服务四大环节出发,系统化布局各项产业活动。企业在原材料获取环节应当与上游供应商保持密切合作,并通过制定质量标准、进行价格谈判及签订长期合约等方式确保原材料供应的稳定与可追溯性;生产加工环节则要求制造商及其合作伙伴紧密协调生产工艺与技术的改进,通过精益生产、自动化升级或智能制造等方式不断优化生产流程,提高产品的一致性与生产效率;营销渠道环节需要企业洞察市场动向与消费者偏好,通过多元化的销售模式与渠道布局覆盖不同区域与群体,并根据实时销售数据进行精准的市场策略调整;售后服务环节虽是产业链末端,但对品牌形象与消费者满意度有着关键影响,企业必须建设高效的服务网络并提供专业化、差异化的增值服务,让整个产业链从生产者到消费者形成正向循环。金融机构与咨询服务机构也可以在产业链的管理与整合过程中提供融资与战略支持,让中小企业在资金与知识储备不足的情况下也能融入产业链的价值网络。政府部门若要在推动产业链升级时取得突破性成效,就需要基于行业特点与区域优势进行整体规划,通过基础设施建设、产业优惠政策以及人才培养体系加强对重点环节和关键节点的扶持。

三、创新链与产业链的关系

创新链与产业链共同构成了推动经济社会发展的重要驱动要素。创新链主要关注技术研发、知识积累与成果转化等环节，产业链则更重视产品生产、加工制造及市场流通等过程。创新链密切关联着基础研究、应用研究和试验开发等不同层次的创新活动，产业链则覆盖原材料采购、零部件制造、组装、市场营销乃至售后服务的全周期。研究机构立足创新链前端，通过产出原创性知识与技术，提升产业的创新含量。企业主体则在产业链各个节点上承担产品生产与分销的职责。政府部门通过政策制定与资源配置，为创新链与产业链的对接提供制度环境。金融机构通过投资与融资渠道，为技术研发与产业升级提供资金支持。社会组织与专业服务机构也能在各个环节为创新活动与产业实践提供辅助性支持。媒体与公众意见更在舆论与需求层面影响着企业乃至整个产业的创新走向。多元主体通过各自的专业能力与资源禀赋，形成了贯穿创新链与产业链的复杂网络生态。

技术储备与市场需求之间的有效衔接需要创新链与产业链的深度匹配。创新链若不能与产业链有效对接，先进技术就可能停留在实验室，难以被规模化应用。产业链若缺乏创新链的技术引领，也可能陷入低端重复生产之中，造成资源浪费与市场疲软。高校科研团队在创新链前端负责知识探索与人才培养，但若无法与企业实际需求相匹配，研究成果就难以被生产环节采用。企业若只关注现有市场盈利而忽视了在创新链上的投入，长远来看必将失去核心竞争力。市场环境若无法给新技术留出充分发展空间，创新链就难以对产业链产生革命性影响。政策部门若只关注短期经济指标而不重视创新链建设，也会使产业链缺乏技术升级动力。只有当创新链内的知识流与产业链内的价值流实现高效对接，各主体才能形成协同创新的正向循环。我国不同区域在创新链与产业链的耦合度上仍存在差异，一些东部发达地区已较好地实现了高校与企业的对接，一些中西部地区仍在完善研发资源与生产要素的整合。在产业链延伸过程中的产业集群化和供应链协同也离不开创新链的支持，高端制造业需要精准的技术攻关，现代服务业需要数字化与智能化技术方面的研究成果，传统产业需要更多绿色低碳技术的导入。随着技术更新速度的不断加快,创新链与产业链的融合质量将直接影响行业竞争格局与国家产业安全,只有持续推进两链耦合,才能提升产业发展质量与创新能力。

四、创新链与产业链融合对科技创新的促进作用

创新链与产业链的深度融合能够为科技创新注入强劲动力。在融合进程中,研究机构在前瞻性技术开发方面积累的学术成果如能与企业需求相匹配,就可以迅速实现原始创新的产业化。企业与高校及科研院所联手攻关,可以让企业及时反馈市场信息与产品需求,从而形成"需求牵引—技术攻关—成果转化—市场检验"的循环机制。政府部门通过制定产业政策与投入专项资金,可以促进创新链的资源集聚并引导产业链的优化升级。金融机构通过风险投资、股权融资等形式,可以将社会资本导向关键领域的技术攻关与产业落地,加速形成产学研合作体系。行业协会与专业服务机构可以在标准制定、质量认证和人才培养等方面发挥衔接作用,为融合过程提供支撑性平台。市场通过竞争与需求反馈,可以推动创新链的动态调整和产业链的自我修正,形成适应性更强的供需平衡。国际合作平台与跨国企业的技术输入,也可以进一步拓展融合的广度与深度,为国内产业技术水平的提高带来新的刺激和机遇。

协同创新是创新链与产业链融合所带来的重要成果。企业在产学研合作项目中所获得的科研成果,能缩短研发周期,更能降低创新风险与成本。科研团队在企业的真实市场环境中可及时修正研究方向,从而提升学术成果的应用价值。产业集群在融合环境下可以形成创新资源的集约化配置,供应链协同也可以充分利用公共技术平台与共享实验室,减少重复建设与资源浪费。区域经济在这样的融合过程中,可以催生更多技术密集型中小企业,通过专业化与规模化并行发展,进一步完善产业生态。技术突破可以带动装备制造、新材料、数字化等多个领域的升级,并引导上下游企业在产业链节点做出协同创新部署。政策层面则可以围绕关键环节发力,如设置技术攻关专项、建立联合实验室与产业创新联盟,为难点技术提供跨机构、跨学科的研发平台。资本市场可以为创业企业提供多样化的融资渠道,吸引更多社会资

本支持颠覆性创新项目。消费者也会在融合过程中受益，更多个性化、高质量的绿色产品和服务开始进入市场，可以促进新的消费需求的出现与技术迭代。融合所带来的知识溢出效应与规模经济效应还会进一步增强产业竞争力，提升国家创新体系整体效能。面对全球科技竞争的日益加剧，只有加快推动创新链与产业链在更高层次、更大范围、更深程度的融合发展，才能提升我国的经济发展韧性与科技自立自强能力，为建设创新型国家与高质量经济体系提供持续动能。

第二章 科技创新与成果转化的趋势与挑战

第一节　技术发展新趋势与新机遇

一、当代技术发展综述

科技的发展促进了人类社会的进步,特别是在当下这个时代,新兴技术的涌现及其迅猛的发展正不断引领着社会的变革。在众多尖端科技领域中,人工智能、区块链、云计算以及量子计算等技术的发展尤为突出,它们在推动技术创新和产业转型升级中扮演着核心角色。

人工智能技术作为当前科技发展的一个关键方向,其核心在于模拟并扩展人类的智能。借助大数据、机器学习及深度学习等技术手段,人工智能能模拟人类的决策流程,还能进行智能化处理与优化,极大地提升了人们的工作效率和准确性。在医疗领域,人工智能技术能够助力实现疾病的早期诊断以及治疗方案的优化;而在教育领域,个性化学习系统则可以依据学生的学习状况提供量身定制的教学资源,进而显著提升学生的学习效率。

区块链技术凭借其去中心化的特性,给金融、供应链管理、版权保护等多个领域带来了革新。区块链技术的核心优势在于其能提供一个开放且透明的记录环境,确保数据的不可篡改性和真实性,从而让人们构建起一个可信赖的网络交易平台。在此基础上,所有网络参与者都能在一个公平、公正的环境中进行信息交换和价值转移,这大幅度降低了交易成本并缩短了交易时间。

云计算技术通过硬件和软件资源的虚拟化,以及借助互联网进行服务的分配,显著提升了资源的利用效率及人们的计算能力。云计算为大规模数据的存储和处理提供了有力支撑,也为企业的运营带来了灵活性和扩展性。借助云服务,企业能够依据实际需求迅速调整资源配置,优化运营成本,同时提升服务的稳定性和可靠性。

量子计算作为一种颠覆性的计算模式,利用量子位的叠加和纠缠状态进行数据处理,在理论上相较于传统计算机的计算模式更为高效。尽管量子计算技术目前仍处于发展初期,但其在处理大规模计算任务方面的潜力已经引起了全球科研界的广泛关注。量子计算的进一步发展有望为密码学、复杂系统模拟、药物开发等多个科学领域带来重大突破。

人工智能、区块链、云计算及量子计算等新兴技术正不断推动着传统产业的结构性变革,同时为新产业的崛起注入了强劲动力。这些技术的融合与应用加速了科技创新的步伐,还拓宽了科技成果转化的途径。随着这些技术的持续发展和成熟,它们将对未来社会的经济结构和人类生活方式产生更为深远的影响。

二、新兴技术的发展新趋势与新机遇

(一)生物技术领域

基因编辑与生物制药是当代生物技术领域的两大核心发展路径,它们各自不断拓展着生命科学的边界。基因编辑技术,如CRISPR-Cas9的横空出世,为科学家们带来了前所未有的精确工具,使他们能够直接对生物的遗传代码进行修改,这一能力对医疗、农业等多个领域都产生了革命性的影响。

基因编辑技术的关键性突破在于,它提供了一种在分子层面上精确调控和修改生物体基因组的方法,这为治疗多种遗传性疾病开辟了新的道路。在医疗领域,这项技术的应用主要聚焦于遗传性疾病的治疗。借助精确编辑,科学家们能够修复或替换那些功能异常的基因,使其恢复正常功能,从而为疾病治疗提供了全新的可能性。基因编辑在肿瘤学领域也展现出了巨大的潜力。借助定向编辑那些与癌症的发生、发展密切相关的基因,科学家们可以有效地抑制肿瘤的生长和扩散,为癌症治疗开辟了全新的途径。

生物制药作为另一个重要的发展方向，正在利用现代生物技术的力量，在药物的研发和生产上不断取得突破。生物制药主要包括免疫疗法和基因疗法两大领域，这两种疗法都在重塑现代医疗的面貌。免疫疗法主要靠激活或增强人体自身的免疫系统来对抗癌症及其他严重疾病，其核心在于调节免疫系统的响应，使其能够更有效地识别和消灭病变细胞。而基因疗法则是将具有治疗效果的基因直接引入患者体内，来治疗遗传性疾病或修复与疾病相关的基因缺陷。这一策略为治疗提供了新的视角，同时展现了当下医疗向更精确、更个性化方向转型的巨大潜力。

基因编辑和生物制药的发展深刻地影响了科学研究的方向和方法，也在社会和经济领域产生了广泛的影响。随着这些技术的不断成熟和广泛应用，未来的医疗将更加侧重于个性化和精确性，从而大幅提高治疗效果和患者的生活质量。基因技术的持续进步预示着人们将能够更好地理解生命科学的复杂性，并在此基础上提出更加有效的治疗方案。

（二）能源技术领域

在现代能源技术领域，清洁能源与能源存储技术正逐步成为驱动能源产业革新的核心力量。这一趋势彰显了可再生资源的深度开发与应用的重要性，同时凸显了全球能源结构优化的迫切性。特别是对太阳能与风能等可再生能源的广泛研究与利用，为环境的可持续性发展提供了有力支撑，同时为解决传统化石能源依赖问题提供了可行路径。

太阳能是一种普遍存在的清洁能源，人们借助太阳能电池板技术将太阳辐射能转换为电能。随着光伏技术的不断进步和成本的有效控制，太阳能发电的应用范围已从初期的小规模试验拓展到了大规模的商业和住宅领域。此种能源的高效转化提升了发电效率，拓宽了太阳能在全球不同区域，包括偏远及未电气化地区的应用范围，显著增强了能源的可达性和可用性。

风能是另一种重要的可再生能源，人们借助风力发电机技术将风的动能转换为电能。对风能的开发利用充分利用了地球自然气候系统的动力资源，风能在全球众多地区，特别是沿海地带的丰富蕴藏使其成为促进能源转型的关键要素。

能源存储技术的发展对于平衡能源供需、提升能源系统的灵活性和可靠性具有至关重要的作用。该类技术，如锂电池和氢能存储技术，让人们能够在无阳光或风力的情况下获得能量，增强能源系统对不稳定供应的适应能力。锂电池技术凭借高效率和成本效益，已在电动汽车和移动电子设备中得到了广泛应用。氢能存储则因其高能量密度和长期储存能力，被视为未来能源系统中的关键要素，特别是在促进可再生能源的大规模整合和分布式能源网络构建方面，展现出了巨大的潜力。

太阳能与风能的广泛应用以及能源存储技术的不断进步，共同推动了能源行业的深刻变革。此类技术的发展对环境保护和气候变化的应对产生了积极影响，为未来能源安全和经济发展奠定了坚实基础。随着技术的持续完善和应用范围的拓展，可再生能源及其相关存储技术将在全球能源供应体系中占据愈加重要的地位。

（三）信息技术领域

在当今信息技术领域，随着如"互联网+"和工业4.0等国家战略的深入实施，一系列新兴技术正深刻重塑着人类社会的各个层面。其中，5G通信、物联网（IoT）、边缘计算等技术在提升人类生活质量和效率方面展现了巨大潜力，还在驱动传统行业向数字化、智能化转型的过程中发挥着核心作用。本节旨在探讨这些技术的发展现状、应用实例及对未来社会的潜在影响。

5G通信作为新一代移动通信技术的代表，以其高速度、低延迟和大容量，标志着一个全新通信时代的到来。5G技术极大地提升了数据传输的效率，为大规模物联网的应用提供了坚实的技术基础。这种先进的通信技术为智能城市、智能交通、智能医疗等多个领域的创新提供了可能。在智能城市中，5G技术能够支持海量传感器数据的实时传输，从而实现对城市运行资源的有效管理。在智能医疗领域，5G的低时延特性使远程手术和实时医疗监测成为可能，显著提升了医疗服务的可及性和效率。5G还促进了虚拟现实（VR）、增强现实（AR）和云游戏等技术的发展，为用户带来了互动性更高和更加沉浸的体验。

物联网技术的发展正在将物理世界的物体与数字世界紧密连接。通过在设备中嵌入传感器和智能系统，物联网使各种设备能够收集数据并借助网络进行交互和协同工作。这一技术的应用范围很广，涵盖了智能家居、健康监测、智慧农业、智慧物流等多个领域。在智能家居中，物联网设备能够根据用户的行为和偏好自动调整环境参数，如温度、照明和安全设置，从而提升居住的舒适性和效率。在健康监测领域，可穿戴设备能够实时跟踪用户的生理状态，为个性化健康管理提供数据支持。物联网在提高生产效率和资源利用效率方面也展现了巨大潜力，如在智慧物流中，物联网可以让人们实时追踪货物的位置和状态，优化物流路线和库存管理，显著提升物流效率。

边缘计算指在网络的边缘侧处理数据，边缘计算技术能够显著降低数据传输的延迟，提高数据处理速度和数据安全性。边缘计算在自动驾驶汽车、智能工厂和智慧城市等领域的应用尤为重要。在自动驾驶汽车中，边缘计算能够实时处理车辆所感知到的周围环境的大量数据，使决策反应更加迅速和安全。在智能工厂中，边缘计算可以对生产线上的机器进行实时监控和预测性维护，减少生产中断的风险，提高生产效率。

除了上述技术，人工智能（artificial intelligence, AI）、大数据分析和区块链也是信息技术领域持续发展的重要方向。人工智能正在推动各行各业的自动化和智能化转变，特别是在语音识别、图像识别和自然语言处理等领域，人工智能技术正在改变人机交互的方式。大数据分析则能够挖掘和处理庞大的数据集，为人们提供深入的洞察和决策支持，这在商业策略制定、市场分析以及公共管理等领域尤为重要。区块链技术通过提供一个去中心化的数据记录平台，确保了数据的安全性和透明性，这在金融服务、供应链管理和版权保护等领域具有革命性的意义。

三、技术发展为科技创新及科技成果转化带来的影响

技术进步与创新在当代驱动了科技领域的快速发展，而且直接加速了科技成果商业化与实用化转化的进程。新兴技术的涌现往往会带来商业模式的革新、产品设计的创新以及服务方式的重塑，进而在社会经济领域引发一系

列影响深远的连锁效应。这些技术的创新及其广泛应用进一步促进了科技成果的有效转化,而这些转化成果的成功,又反过来为新技术的研发与优化提供了强有力的动力与明确的方向。

在审视诸如人工智能、区块链、云计算及量子计算等关键科技领域的发展时,可以清晰地看到,这些技术与科技创新及成果转化之间存在着紧密的联系。以人工智能为例,该领域的科研人员借助深度学习等智能化技术,让计算机模拟了人类的认知与决策过程,还极大地拓展了其应用的广度与深度。人工智能技术的不断进步,推动了医疗、教育、商业等多个领域内的科技成果的转化,如智能诊断系统、个性化学习平台以及智能客服解决方案等,均是基于对该领域技术创新的深度挖掘与广泛应用。

这些科技应用在实际场景中的成功实施,验证了人工智能技术的可行性与有效性,还给研发人员反馈了有关市场需求与技术适应性的关键信息,进而为技术的进一步优化与完善提供了重要依据。在人工智能技术应用于医疗领域后,借助实践中的反馈,研发团队不断调整与优化算法,以适应更加复杂多变的医疗数据与场景,从而显著提升了诊断的准确性与效率。

云计算作为支撑人工智能发展的重要基础设施之一,利用灵活的计算资源与大规模的数据存储能力,为人工智能技术的研发、实验与部署创造了必要的条件。云计算的高效性与可扩展性使人工智能技术能够在多样化的应用场景中被迅速部署并不断优化,从而加速了科技成果的转化进程。

区块链技术在确保数据透明性与安全性方面的应用,充分展现了其在促进科技成果转化方面的巨大潜力。区块链技术凭借不可篡改的数据记录特性,为医疗数据管理、供应链监控以及金融交易等领域提供了新的解决方案,这些解决方案显著提升了操作的效率,极大增强了系统的信任度与安全性。

区块链技术的崛起标志着信息存储与交易模式经历了一次根本性的变革。区块链技术将信任机制内置于系统架构,提供了一种全新的数据管理与交易验证机制,显著提升了数据的透明度与安全性。该创新性技术的广泛应用,已经促进了金融服务、供应链管理以及数字身份验证等多个领域的科技创新与成果转化。在实际应用中积累的经验与反馈，进一步推动了区块链技术的不断演进与完善，实现了技术与应用之间的良性互动与相互增强。

云计算作为另一个具有深远影响的技术领域，通过实现计算资源的虚拟化和网络化，显著提高了资源的利用效率，并降低了信息技术的运营成本。云计算平台使企业和个人能够按需获取计算资源，从而使大规模的数据处理与复杂的计算任务得以实现。这对于基于数据的决策支持系统、大数据分析以及各类云服务的开发与部署至关重要。由此带来的科技成果转化，如云端软件解决方案与服务模式的创新，为用户提供了更加多样化的服务选项，也使云计算技术本身持续不断地进行着创新与优化。

量子计算则代表着计算技术领域的一个全新前沿。利用量子比特的叠加与纠缠状态，量子计算有望解决传统计算机难以应对的复杂问题。尽管目前量子计算仍处于研发阶段，但其潜在的应用前景十分广阔，如在药物发现、材料科学以及复杂系统模拟等领域，这意味着量子计算技术一旦成熟，将极大地推动这些领域的科技成果转化。

区块链、云计算以及量子计算等新兴技术领域的发展，推动了科技成果的转化进程，还形成了技术创新与应用实践之间的良性互动循环。这些技术的发展及其广泛应用所带来的复杂影响，涵盖了技术、经济、社会等多个层面。科研人员、企业家以及政策制定者需要全面理解并积极参与其中。在经济全球化和信息化社会快速发展的当下，深入探索这些技术的潜力，并理解其对社会经济结构的深远影响，对于把握科技创新与成果转化的机遇至关重要。

第二节　市场需求转变及其影响

一、市场需求的转变走势

市场需求的变迁对科技创新与成果转化的方向具有显著影响，特别是在可持续性和环保意识日益增强的当代社会，人们对绿色产品的需求愈加明显。这一趋势既体现在消费者环保意识的不断提升上，也反映在政策导向的强化和企业社会责任的积极践行中。随着全球对环境问题的深切关注，市场对于能够减轻环境影响的产品与服务的需求在持续增长，这有力地推动了相关科技的快速发展。

在此市场背景下，消费者对于产品在从生产至废弃全生命周期内的环境影响给予了前所未有的关注。这种关注不只局限于产品使用阶段的能效与排放情况，还扩展到了产品设计、原材料选取、制造流程、物流运输，以及产品最终处置的各个环节。企业在开发新产品与改进现有产品的过程中，在越来越多地采用资源高效利用且环境友好的技术。运用可再生材料、提升产品能源效率、减少制造环节的废弃物产生以及优化产品的可回收性与再利用性等，已成为企业可持续发展战略中不可或缺的重要组成部分。

市场需求的变化促使企业探索新型生产方式与商业模式，如循环经济模式与服务化商业模式，这些模式在满足消费者需求的同时有效减轻了环境负担。清洁能源与低碳技术亦因应市场需求而得到了显著的发展与推广，如太阳能与风能的广泛应用，以及电动车等低碳运输工具的普及。市场需求的变化是推动科技创新与成果转化的重要驱动力，也是引导企业调整战略、创新产品与服务以适应市场变化的关键因素。

在当前全球环境问题越发严峻的情况下，可持续发展的理念逐渐获得广泛认同，越来越多的个人、企业及政府机构开始重视并采纳这一理念。可持续性的产品设计与制造已成为现代社会发展的一项重要趋势，这要求人们在产品全生命周期中充分考虑资源的循环利用、能源的有效利用以及废物产生的最小化。该需求促使企业革新现有的生产与服务模式，催生了众多新技术与新产品的开发。

在提升能源效率方面，众多企业已开始研发新的节能技术与产品以满足市场需求，这些产品包括高效能家电、商用机械及工业设备等。在资源循环利用方面，随着循环经济概念被广泛接受，相应的技术与商业模式亦得到了快速发展。这让企业在产品设计初期就注重材料的可回收性，采用更为环保的生产工艺，降低了生产过程中的资源消耗与废弃物排放。

政策的引导作用在扩大可持续性产品的市场过程中发挥着不可忽视的作用。各国政府通过制定严格的环保政策，如发布节能减排标准和绿色生产指南，直接影响了企业的生产活动，还借助政策激励措施支持可持续技术与产品的研发。对于新能源汽车和绿色建筑的研发与推广，许多国家提供了税收优惠、财政补贴等政策扶持，这极大地激发了相关领域的技术创新与市场拓展。

这种市场需求的变化与政策导向为科技创新与成果转化提供了新的契机，也对企业提出了新的挑战。企业需借助持续的技术创新来满足市场对于环保与可持续性产品日益增长的需求，同时需调整其商业模式以适应这一趋势。可持续性的产品设计与制造已成为现代社会中一个关键的发展方向。随着环保意识的提升和政策的推动，企业在追求经济利益的同时越来越多地承担起了社会责任，这推动了环保技术的进步与新型环保产品的开发。

二、影响市场需求转变的主要因素

影响市场需求转变的因素有很多，主要包括社会经济发展、消费者习惯改变、政策影响等，这些因素共同塑造市场需求的演变趋势，对科技创新和成果转化产生了深远影响。

（一）政策对市场需求的影响

政策对市场需求的塑造作用是多方面的，既包括宏观经济政策的广泛影响，也涉及针对特定行业的具体政策支持。政府的政策制定在很大程度上可以引导市场需求的方向，特别是在绿色和环保产业领域。通过提供财政补贴、税收优惠、研发资助等扶持措施，政府政策明显扩大了环保产品和服务的市场需求，从而推动了相关产业的发展。

政策对新兴技术的扶持同样关键，如直接促进技术发展的财政和政策支持，还有引导市场需求向支持可持续发展和技术创新方向转变的法规和标准制定。绿色消费政策通过增强消费者对环保产品的认知和可获得性，促使消费者在购买决策中倾向于选择那些具有环保特性的产品。

面对政策和市场需求的这些变化，企业需要具备敏锐的市场洞察力，以准确把握需求动态和技术发展趋势。这要求企业在战略规划和运营决策中，能够灵活调整，以利用科技创新带来的新机会。政策制定者须持续关注市场需求和技术发展趋势，以便制定和调整政策，支持科技创新的发展，并确保这些创新能够被有效转化为市场上的实际成果。政策与市场需求之间存在着复杂的互动关系。有效的政策支持可以显著提升特定技术或产品的市场需求，而对这些需求变化的适应又需要企业和政策制定者之间的密切合作和持续的战略调整。

（二）社会经济发展对市场需求的影响

社会经济发展始终是驱动市场需求变化的重要因素之一。随着经济的持续增长，人们的生活水平不断提升，相应地，人们对产品和服务的需求也展现出了更高质量及多样化的态势。在现代社会中，消费者对健康、环保、个性化及便利性等方面的重视程度显著增加，这些变化直接对企业的产品设计和服务模式产生了深远影响。

经济发展所带来的收入增加，使消费者更加关注生活质量，进而愿意为那些能够带来额外价值的产品和服务支付更高的价格。随着健康意识的日益增强，消费者对食品安全的关注度不断提升，对有机、无添加食品的需求持续增长。环保意识的提高也使消费者更倾向于选择那些采用绿色包装或可持续生产方式的产品。

为应对这些新兴市场的需求，企业不得不进行持续的技术创新，开发新产品并优化服务以满足消费者的期望。这种需求驱动的创新涉及产品本身的功能改进，还涉及生产流程的优化、新材料的应用以及营销策略的调整。为满足环保需求，企业可能需要投资研发更为高效的回收技术，或者开发新型的生物降解材料。个性化产品的生产则可能需要高度灵活的制造系统和高度精准的客户数据分析能力。

(三) 消费者习惯转变对市场需求的影响

消费者习惯的形成及其变化是一个复杂的社会心理过程，受多种因素的深刻影响，这些因素包括社会环境、文化背景以及信息获取方式等。随着技术的不断进步，特别是互联网的广泛普及，信息获取的途径与速度发生了革命性转变，这一转变反过来对人们的消费行为和购物习惯产生了深远的影响。

互联网技术的广泛普及在获取信息方面为人们带来了极大便利，改变了传统的消费模式，推动了在线购物等新型消费方式的蓬勃发展。这使消费者能够更为便捷地比较和挑选产品，还为他们提供了更为广阔的选择范围。网络平台能够借助用户数据分析，为人们提供个性化的购物推荐，进一步对消费者的购买决策产生重要影响。这种信息获取方式的变革，使消费者从被动地接收信息转变为主动地搜寻信息，从而让消费者形成了更为积极主动和理性的购物习惯。与此同时，健康和环保的生活理念在全球范围内逐渐得到普及，成为影响消费者习惯的另一个重要因素。随着社会对可持续发展认识的日益加深，越来越多的消费者开始倾向于选择那些对环境影响较小的产品，如有机食品和绿色消费品。这种偏好的转变体现了消费者对健康和环境保护的深切关注，推动了市场上这类产品需求的增长。为了适应这种需求变化，企业不断推出符合绿色环保标准的新产品，以满足消费者的期望。

三、市场需求转变对科技创新与科技成果转化的影响

市场需求的变化是科技创新与成果转化过程的重要驱动力。企业通过深入分析市场需求的动态，能够准确把握创新的导向，从而加快科技成果的市场应用及商业化步伐。在此过程中，市场需求的变化可以引领科技创新的方向，还决定了创新成果的实用价值和市场接纳程度。

市场需求的演变可以直接对科技创新的方向与焦点产生影响。当市场需求发生显著变化，如消费者偏好的转移或新需求的涌现，企业便需探寻创新的解决方案以应对这些变化。这种需求驱动的创新模式促使企业投入资源于新产品、服务的研发或对现有产品技术的改进。随着全球对环保和可持续

发展重视程度的不断提升，市场对绿色产品的需求显著增加。为顺应这一趋势，企业可能需要开发新的环保技术或改进现有产品以满足环保标准。这种基于市场需求的创新活动，能够提升企业的市场竞争力，还有助于推动整个行业的技术进步。

了解市场需求的变化对于科技成果转化的成功至关重要。若科技创新脱离市场需求，其成果将难以获得市场的广泛认可与采纳。企业在创新过程中必须将市场需求纳入考量，确保新技术和产品设计与市场期望相契合。若市场倾向于支持更高效能的产品，企业则需调整其产品设计，以提高能效，降低运行成本。企业在进行科技创新时，应充分考虑市场需求的多样性和变化速度。在经济全球化和信息化社会快速发展的当下，市场需求变得更为复杂且多变。企业需在创新过程中灵活应对，采用灵活的开发策略和持续的市场调研，以便及时调整创新策略，抓住市场机遇。

市场需求的动态变化是科技创新及其转化进程中的核心驱动要素之一。市场需求出现变动，就为企业带来了全新的商业契机，同时对企业在创新思维与方法上提出了挑战。为了适应这些变化，企业必须采用创新的思维模式，探索并实施新颖的解决策略，以有效满足市场的新需求。

市场需求的变化激发了企业采用新技术与新方法的动力。在竞争激烈的市场环境中，了解并预测市场需求的演变对企业而言至关重要。随着消费者对环保和可持续性发展的日益关注，市场对绿色产品的需求也相应增加。这一变化促使企业开始探索新型材料与技术，如采用生物可降解材料或强化资源循环利用技术，以开发出符合环保标准的新产品。信息技术的飞速发展和当今社会的数字化趋势也能推动企业创新其服务交付模式，如借助在线平台为人们提供个性化服务或数字产品。

企业对市场需求变化的响应通过创新思维与方法来体现。企业在应对市场变化时，需要在技术上进行创新，并在商业模式和运营策略上寻求创新。这可能包括采用灵活的生产系统、模块化设计以快速适应消费者需求的变动，或者借助战略合作与技术联盟来增强创新能力和市场适应性。

了解并适应市场需求的变化，有助于企业明确创新的方向，还能提升创新实施的效率和成果转化的成功率。对市场需求的准确把握使企业能够更好地定位其产品和服务，优化功能设计，控制成本，并通过满足消费者的实际需求提高市场接受度。企业在创新过程中，应充分考虑市场需求的多样性和层次性，以确保其创新活动能够覆盖不同的细分市场和消费者群体。市场需求的变化在激发企业创新思维与方法方面发挥着重要作用。企业应密切关注市场动态，将市场需求的变化作为科技创新和成果转化策略的核心组成部分，从而不断提升自己在市场中的竞争力和创新能力。

第三节 全球竞争格局变化与协作方式

一、全球科技竞争发展状况及走势

（一）全球科技竞争格局变化分析

当前，全球科技竞争的态势正变得越发紧张，各国普遍认识到科技创新在经济发展中占据核心地位，并将其视为提高国家竞争力的关键策略。科技创新在推动产业升级和经济转型中发挥着至关重要的作用，并且在重塑全球经济格局的过程中不可或缺。各国政府正不断增加对科技研发的投入，并通过制定相关政策和战略来引导和支持技术创新。这种全球科技竞争的现状将对各国产生深远影响，并在未来呈现出几个重要趋势。

第一，创新驱动的经济发展已成为全球范围内的普遍共识，众多国家将科技创新视为推动经济增长和提升国家竞争力的核心驱动力。中国提出的"创新驱动发展战略"和欧盟的"欧洲研发计划"均明确强调了科技创新在提升国家综合实力和国际竞争力中的关键作用。这些战略通过大力投资科技研发，培育新兴产业，推动传统产业转型升级，进而助力于提升国家在全球经济体系中的地位。全球科技竞争，既是对科技成果的追求，更是借助创新驱动实现可持续发展、提升社会福利和国家安全的全方位竞争。

第二，全球科技竞争的焦点正日益聚焦于核心技术的研发和应用。人工智能、生物技术、量子计算等前沿技术被视为当前科技领域的重中之重，这些领域的技术突破和创新将深刻改变全球的产业结构和社会生活模式。人工智能在数据处理、自动化、智能制造等领域的应用，已经开始对全球经济产生深远影响。而量子计算作为一种全新的计算模式，具备颠覆传统计算能力的潜力，其技术突破将直接重塑信息技术的基本架构。各国在这些领域的研发，特别是突破性技术的获取，已成为衡量国家科技实力和经济竞争力的关键指标。

第三，全球科技创新日益显现出的复杂性和多样性，要求不同国家和地区之间必须开展更为广泛的合作。科技进步的推进通常需要多方力量的共同支持和协同努力，单个国家的技术突破往往受限于资源、人才和市场规模等多方面因素。各国通过建立跨国科研团队、国际科研合作平台及创新网络等途径，能够共享先进的科研资源、技术成果和创新经验，国际性科研项目、跨国企业联合创新实验室等形式的合作，正日益成为加速科技进步和推动科技成果转化的重要途径。这种跨界合作的形式，加快了科学技术的发展，促进了不同国家、地区和领域的知识交流和技术传递，推动了全球科技创新体系的不断完善。

第四，跨界创新生态系统的建设在全球科技竞争中扮演着举足轻重的角色。创新生态系统涵盖了科研机构、企业和政府，还涉及教育机构、金融机构、地方政府以及社会组织等多个层面。借助各方力量的协同合作，创新生态系统能够有力地促进科技成果的转化应用，提升创新资源的效益。在全球范围内，许多国家和地区已经开始致力构建开放且互动性强的创新平台，推动产学研各方的紧密合作。在人工智能、量子计算等前沿技术领域，跨国企业与学术界的深度合作已经催生了众多技术突破，推动了科技创新成果的迅速产业化与市场化。

除了传统的核心技术，一些新兴领域也成为全球科技竞争的新焦点。如可再生能源、智能交通和数字经济等，正逐渐成为各国竞相布局的热点领域。在全球气候变化和环境保护日益受到国际社会关注的背景下，清洁能源的研发和应用已成为科技竞争的重要组成部分。智能交通作为解决城市交通拥堵、提升交通效率的关键技术，正吸引着各国的大量投资和技术研发。数字经济的蓬勃发展，代表了全球科技竞争的新趋势，各国正在借助数字化转型推动传统产业的智能化和数字化升级，以提升经济运行效率，增强国际竞争力。

全球科技竞争的趋势清晰地表明，技术竞争的核心已经逐渐从单纯的零和博弈转向合作共赢。在这一进程中，各国要在本国范围内加强创新能力建设，还需要积极与其他国家和地区建立战略合作伙伴关系，借助共享技术成果、联合研发、跨国资本运作等多种形式，共同推动科技进步和产业变革。特别是在当前经济全球化的发展背景下，科技成果的共享和跨境转移已成为推动全球科技创新体系建设的关键机制之一。未来的科技竞争，将不再是各国的孤立竞争，而是一个相互合作、协同创新的过程。

（二）全球科技竞争走势

1. 创新能力的国际化竞争

全球创新能力的竞争正愈演愈烈，这意味着全球科技战略正在经历深刻变革。创新已不再局限于某一国家或地区，而上升为一个全球性的竞争范畴。各国政府加大了对国内科技项目的扶持力度，还积极投身国际合作，力求借助跨国研发活动实现技术与知识的优势互补。例如，中国和印度等新兴经济体，正借助政策引导和资金投入，不断强化科技基础设施及研发实力，以期在人工智能、绿色能源、生物技术等一系列关键技术领域取得重大进展。这一趋势凸显了全球科技合作的紧迫性，促进了科技创新力量的多元化与国际化发展。

2. 技术应用的大范围渗透

技术应用的广泛渗透也是全球科技竞争中的一个显著趋势。新兴技术如人工智能（AI）、物联网（IoT）、区块链等正在以惊人的速度渗透到各个行业和领域，覆盖了医疗健康、交通运输、金融服务等多个方面。这些技术的应用优化了传统行业的运营效率,还催生了新的产业形态。在医疗健康领域,AI被广泛应用于疾病诊断、个性化治疗等方面,显著提升了医疗服务的质量和效率;在交通运输领域,物联网与自动驾驶技术的融合促进了智能交通系统的发展,提高了交通管理和运输的效率;在金融领域,区块链技术的应用则使支付结算、数字货币交易等流程更加高效且安全。随着这些新兴技术的持续发展与普及,技术应用的渗透范围日益广泛,几乎涵盖了所有行业。这种技术应用的广泛渗透重塑了产业结构,还推动了全球经济的转型升级。各国在新兴技术应用领域的竞争力,将直接关乎其经济增长和产业升级的速度。为了应对日益激烈的全球科技竞争,各国正不断加大对技术研发的投入,加速科技创新的发展,力求在技术应用领域占据领先地位。

3. 技术集聚与创新生态系统构建

在当前全球科技竞争的格局下,技术集聚与创新生态系统的构建逐渐成为各国提升科技竞争力的核心策略之一。随着科技创新日益成为国家竞争力的重要构成要素,各国正积极采取行动,致力打造具有全球影响力的科技创新中心。这些创新中心是高新技术发展的核心地带,可以吸引大量的创新资源、投资以及高层次人才,从而让各国在全球科技竞争中占据有利地位。硅谷作为全球科技创新的典范,已经构筑起了以技术企业、风险资本和科研机构为支柱的创新生态圈,推动了人工智能、半导体等领域的重大突破。中国的深圳和北京中关村等地区,也凭借其丰富的创新资源、有力的政策支持和坚实的产业基础,吸引了众多高科技企业和创新人才的汇聚。技术集聚现象加快了各国技术进步的步伐,还显著增强了各国在全球科技竞争中的综合实力。

4. 科技创新的社会责任

科技创新所承载的社会责任正逐步成为全球瞩目的焦点。在科技日新月异的当下,伦理、安全及可持续性问题已成为亟待解决的重大挑战。各国政府及国际组织愈加重视这些问题,并将其纳入了科技政策与国际合作的讨论议题。人工智能技术的快速发展引发了人们关于数据隐私保护与算法歧视的广泛热议，而生物技术的应用也面临着伦理道德及生态环境影响的深刻考量。确保科技创新的过程及成果能够契合伦理标准与社会期望，是技术开发者的分内之事，也是政策制定者与监管机构的重要使命。

二、国际合作在全球科技竞争中的重要性

（一）全球性难题的应对与处理

国际合作在应对与处理全球性科技问题中，展现了无可比拟的重要性。在当前的经济全球化时代背景下，众多科技问题，特别是气候变化、全球性疾病防控以及环境保护等，已不再是单一国家或地区能够独立应对的挑战。面对这些跨国界、跨学科的大规模难题，各国需要紧密携手，协调资源，汇聚全球的智慧与技术力量，寻求有效的解决方案。全球性问题的复杂性决定了单一国家在技术、资金及人力资源方面难以独立承担解决的重任。如果技术实力与经济资源有限，在面对全球性挑战时，应对能力也会受到诸多限制，难以实现全球范围内的资源有效配置与共享。国际合作成为解决这些全球性问题的核心途径。

通过国际合作，各国能够充分共享科研成果、技术资源和实践经验，形成优势互补的局面。这种合作机制有助于加快技术创新的步伐，还能提升全球应对科技问题的整体效率。在应对气候变化这一全球性挑战时，不同国家可根据各自的优势领域展开合作。发达国家在技术研发和资金投入上具有优势，而发展中国家则可提供独特的环境条件、资源或实验场所，二者通过合作形成互补关系，推动技术的迅速应用与转化。科技成果的共享能够使全球科技发展更加均衡，避免技术壁垒的形成，提高全球整体的科技创新能力和解决问题的效率。

国际合作为科技领域的知识和技术交流搭建了重要平台。在面对全球性科技问题时，各国的科研人员、技术专家和政策制定者可以通过跨国合作研究，促进知识的自由流动与共享。在此过程中，具有不同文化背景和学科体系的科研人员能够相互学习、激发创新灵感，推动新的技术突破与理论

创新。这种跨文化、跨学科的交流合作有助于构建更具创新力、包容性的科技生态系统，从而加速全球科技发展的步伐。以全球性疾病为例，在应对全球性疫病时，国际合作的重要性得到了凸显。各国科研人员迅速共享疫情数据、病毒基因组信息，并协作研发疫苗与治疗方案，这种快速而紧密的合作极大提升了疫情应对的效率，也使全球共同应对重大公共卫生危机成为可能。

国际合作还通过联合开展跨国合作项目，为解决全球性科技问题提供了实际行动的框架。在这些合作项目中，科研人员能够利用各自的技术专长与资源优势，联合攻克共同面临的技术难题。科技项目的跨国合作拓宽了研究的深度和广度，促进了跨国知识产权的共享和协同创新。各国在合作过程中共同承担项目的风险和责任，在项目成果的利用与应用上也能够实现资源利用的最大化。在全球能源转型领域，国际合作助力各国共同研发清洁能源技术，推动了太阳能、风能等可再生能源技术的发展，并在全球范围内促进了绿色能源的普及与应用。这些合作项目有助于降低研究成本和风险，同时加速了全球科技成果的转化与应用。

借助国际合作，全球科技治理体系得到了进一步的完善与发展。全球性科技问题涉及技术层面，还涵盖法律、法规、伦理和政策等多方面内容。单一国家或地区无法制定出具有全球适应性的规则和标准，只有各国之间通过合作与协调，才能共同制定出可以促进科技发展的全球性标准。在应对气候变化的过程中，国际社会通过《巴黎协定》达成共识，制定了全球范围内的温室气体排放标准和目标。这种全球性合作有助于提高全球科技发展的一致性与可持续性，同时促进了全球科技标准的统一与规范化。国际合作还有助于加强全球范围内的科技伦理与法律法规建设，特别是在数据共享、人工智能、基因编辑等敏感领域，全球各国可以通过合作制定更加科学和合理的科技伦理框架，确保科技成果的正当应用与共享。

全球性科技问题的解决依赖技术层面的创新，更需要各国在政治、经济和社会层面上的协调与合作。国际合作为人们提供了一个多元化的全球合作平台，使各国能够以更加开放的姿态共同应对全球性科技问题。各国政府、科研机构、企业和民间组织应协同努力，共同推动全球科技领域的繁荣与可持续发展。在应对气候变化、疾病控制、环境保护等全球性问题时，国际合作既包括单纯的技术合作，又包括政策协调、资金投入和产业支持等多个层面的合作。

在应对全球性科技问题的过程中，国际合作能够提升创新能力，加速科技成果的转化与应用，还能够促进全球科技资源的优化配置。各国能够通过科技合作平台，汇聚全球科研人员的智慧和力量，从而降低解决全球性问题的难度，增加成功的可能性。在解决全球粮食安全问题时，国际合作能够通过资源共享、技术交流和政策支持，促进农业技术的创新与普及，帮助全球范围内的农业生产实现可持续发展。这种合作能够加快科技创新的速度，还能提升科技成果的实际应用效果，为全球的社会繁荣与可持续发展提供有力支撑。通过国际合作，各国能够携手应对全球性科技问题，实现共同发展、繁荣与可持续发展的目标。面对全球性科技问题，单一国家的力量是有限的，全球各国的协同合作成为解决这些问题的关键所在。国际合作推动了全球科技创新与发展，也为全球共同发展的未来奠定了坚实基础。通过科技合作，各国能够共同创造一个更加平衡、公正和可持续的科技发展环境，在全球范围内实现科技成果的共享与共赢，提升全球科技竞争力，为全球人类社会的共同进步作出重要贡献。

（二）科技创新环境的构建与推动

国际合作在促进全球科技创新环境构建的过程中，扮演着至关重要的角色。随着科技的飞速进步，单一国家或地区已难以独自应对复杂的全球性挑战，全球科技环境的优化与提升需借助多方协作、资源共享及经验交流来实现。国际合作为各国提供了携手合作的契机，促进了科研人员间的深入对话，推动了全球科技创新的蓬勃发展及持续进步。借助国际合作，各国在科研项目中共享技术、知识与经验，并利用合作平台提升了科技创新的整体效能，加速了科技成果的有效转化与应用。

在科技创新的进程中，科研经验与技术知识的共享是推动科技进步的核心所在。国际合作使不同国家和地区能够相互补充各自的优势与经验，构建更为开放的科研网络。众多国家在特定领域，如基础科学、工程技术、环境保护等方面，具备显著的科研优势，而其他国家则可能在其他领域拥有领先的技术或资源。全球科研人员在合作中得以共享研究成果、技术方法及实验数据，这有效降低了单一国家进行创新研究的成本，缩短了研究周期。发达国家在先进技术和科研设施上占据明显优势，而发展中国家则通过合作引入这些先进技术，并结合本国实际需求进行科技创新与应用转化。这种跨国合作加速了全球科技创新的步伐，使创新成果的积累以更为高效的方式得以实现。

国际合作推动了全球科技创新环境的建设，促进了全球科研评估体系的完善。在全球科技竞争日益激烈的背景下，如何准确评估科研成果的质量与影响力，已成为全球科技发展的关键议题。借助国际合作，各国共同参与科研评估标准与方法的制定，可以推动全球范围内科研评价体系的标准化进程。在此过程中，全球不同地区的科研文化、评估方式及技术应用得以有效融合，形成了更为公正、客观的评估机制。科研成果的评价标准需根据不同领域的技术特点进行灵活调整，而国际合作有助于人们制定出适应全球科研发展趋势的评估准则。这种全球性的评估标准提升了科研项目的质量，加速了科研成果的转化与应用，提高了科技创新的综合效益。

科技创新环境的构建离不开健康、包容、协同的创新生态体系，而国际合作正是这一体系的关键构成部分。全球科技创新并非某一国或某一地区的孤立行为，而是需要在全球范围内实现资源、技术、信息的流通与共享的。通过国际合作，各国共同打造一个开放的创新平台，促进不同国家间科研人员、技术团队及创新企业的互动。一个开放的科技创新环境，能够优化配置各国的科技资源与人才，从而激发更多的创新潜力，借助跨国企业合作、国际研发联盟、全球技术转移等形式，为不同国家和地区的科技企业提供创新合作的机会。

与此同时，国际合作促进了科技领域的资源共享，在推动科技创新的政策环境与体制建设方面发挥了积极作用。各国通过合作，在科研项目中共享资源和技术，还在科技政策、创新体系建设等方面相互学习与借鉴。许多国家在推动科技创新政策、科技创新体制改革方面积累了宝贵经验。在与其他国家的合作交流中，发展中国家能够借鉴发达国家的经验，推动本国科技创新体制的优化与升级。而发达国家在面对全球性科技挑战时，也能通过国际合作，借助其他国家的智慧和创新成果，完善自身的创新体系。这种相互促进、共同发展的合作关系，加速了全球科技创新的步伐，还推动了全球科技的公平发展与繁荣。

全球科研的健康发展依赖科研成果的共享和科技政策的优化，更需要一个能够激发科技创新潜力的创新环境。通过国际合作，世界各国可以共同推动全球创新合作机制的建立，确保科技创新的公平性与透明性。在此过程中，国际合作还促进了科研伦理和科技治理的建设，确保科技发展不会偏离社会发展的核心目标。随着人工智能、大数据、基因编辑等技术的快速发展，全球科技所面临的伦理问题愈加复杂。通过国际合作，全球科技治理过程能够更加透明与有效，为科技创新提供更坚实的制度保障，确保科技成果的公正使用与推广。国际合作推动下的科技治理体系，能够为全球科研人员提供更加公平的创新平台，为科技成果的健康发展创造了有利的政策环境。

国际合作还为全球科技创新提供了更为多元化的资金支持。科技创新的推进需要大量资金投入，而全球科技合作有助于各国汇聚资源，共同承担科技创新的风险。在此过程中，国际合作促进了跨国科技资金的流动，推动了国际资本在科研项目中的参与。无论是在基础研究的资助方面，还是在技术研发的投资领域，国际合作都促进了各国科研机构、企业及金融机构之间的合作，使更多创新资金流入全球科技创新领域。这不仅缓解了科研资金不足的问题，还进一步激发了创新创业的活力，推动了全球科技的快速发展。

国际合作在推动与构建全球科技创新环境中具有不可或缺的重要作用。各国通过共享科研经验、技术知识与资源，能够相互借鉴，共同提升科技创新能力；通过合作开展科研项目，推动全球科技的快速发展；通过共同制定科研评估标准，促进全球科研评估体系的建设，确保科技成果可以得到准确评估与有效转化。国际合作还为全球科技创新提供了更为开放、包容、协同的创新环境，促进了全球科技的繁荣与可持续发展。在全球科技竞争愈加激烈的当下，国际合作已成为推动全球科技创新、促进全球共同发展的必由之路。

（三）多样性资源的共享与整合

国际合作在全球科技竞争舞台上的重要性正日益凸显，特别是在经济全球化和当代科技迅猛发展的背景下，国家间的科技较量愈加白热化。在这一竞争态势下，单一国家的创新力与科技实力常受多重因素的限制，包括科技研发资金、技术、人力资源，以及科研基础设施、人才储备、政策环境等方面。针对这些挑战，国际合作为人们提供了有效的应对策略。各国经过跨国协作能共同应对具有复杂性与多样性的科技发展，这在科技资源的共享与整合上尤其具有巨大潜能。此合作模式促进了资源的优势互补，提升了科技创新的效率与质量，深刻改变了全球科技竞争的格局。

科技创新，本质上是一个资源高度集中的过程，涉及大量的人力、财力、物力投入，而这些资源在全球范围内的分布并不均衡。在部分科技领域，某些国家已积累了显著优势，如先进的技术、强大的研发能力和坚实的产业基础。某些发达国家在信息技术、生物医药、航空航天等领域具有卓越的创新能力和全球领先地位。在其他领域，这些国家可能面临资源短缺、缺乏相关技术储备或人才支持等问题。其他国家可能在某些特定领域拥有独特技术优势或自然资源优势，如某些发展中国家在新能源、农业技术、环境保护等方面具有独特知识和实践经验。这些优势在单一国家内可能难以充分发挥，但在国际合作框架下，各国相互借力、资源共享，可弥补各自短板，最大限度地释放技术创新的潜力。

科技创新的全球化趋势要求各国将资源、优势和经验进行深度融合，避免重复投资与资源浪费，推动全球科技体系的协同创新。在此过程中，国际合作成为关键手段。各国能通过合作共享先进技术和科研成果，并能通过联合研发和项目合作，共同解决科技创新中的难题。在基础科学领域，国际科研团队可携手开展探索性研究，共享实验设备与数据，最大化利用各方科研成果和实验室资源，拓宽科学研究的深度与广度。在应用技术领域，各国可合作优化技术转移与产业化进程，加速创新技术的市场应用。

国际合作使各国能根据自身科技发展特点，充分利用国际资源，实现优势互补。不同国家的科技资源各具特色，在合作中，各地资源可实现优势互补，弥补单一国家在特定领域的不足，从而提升整体科研水平。某些国家拥有顶尖的科研机构和实验室设施，其他国家则可能拥有丰富的自然资源和独特的地理条件。科研团队的跨国资源整合可使其获得更广泛的研究材料、数据和资金支持，进而提高研发效率和成果质量。面对复杂的跨学科科技问题，单一国家往往难以应对，而国际合作能汇聚全球科技智慧与力量，提升科技创新的整体水平。

在传统科技研发模式中，科研机构和企业需投入巨额资金，且研发过程伴随较高失败风险。在国际合作框架下，合作方可分担风险与成本。通过联合实验、共享设备、共享数据等方式，各方在保障知识产权的前提下合作，可减轻单一投资方的资金压力和技术风险。合作能减少重复建设和资源浪费，优化研发资源配置，提高研发效率。

国际合作的科研资源共享和技术整合，涵盖了人才、政策和市场等多方面的合作。在科技创新中，人才的作用至关重要。优秀的科研人才是科技创新的关键驱动力，但在经济全球化背景下，科技人才分布不均。某些国家拥有丰富的高端人才储备，尤其在基础科学和核心技术领域。其他国家虽在人才培养上有所不足，但具有巨大的市场潜力和独特的文化优势。在国际合作中，各国可通过人才流动、联合培养、学术交流等方式，实现科技人才的全球共享。

政策支持是国际科技合作的重要保障。不同国家的政策体系和科研环境存在差异，这些差异在一定程度上影响了科技合作的效率和成果转化。国际合作可通过共享政策经验、制定统一的合作规范和知识产权保护机制等方式，优化科研环境，降低政策壁垒，为全球科技创新创造更加公平和高效的合作平台。通过建立多边科技合作组织和国际标准化机制，各国可在全球范围内统一科研规范和技术标准，为国际合作提供更有利的政策和法律支持。

在市场方面，国际合作能促进科技创新成果的快速转化与应用。通过国际市场的开放与合作，各国可共同拓展创新产品和技术的市场空间，增强技术转化的效率和可行性。在全球经济一体化的背景下，国际市场为科技创新成果的应用提供了广阔舞台，各国可通过合作，共同开发新市场，推动科技创新成果的全球流通。

国际合作在全球科技竞争中的重要性显而易见。通过资源共享与整合，各国能互补短板、发挥优势，提升科技创新的效率与质量，降低研发风险与成本，推动全球科技创新的快速发展。在全球合作框架下，各国可实现科技资源的高效配置和总体科技水平的提升，为应对全球性挑战提供强有力的创新支持。国际合作应成为推动全球科技竞争的重要战略，全球科技力量的合作与整合，将为未来科技创新带来更多机遇与可能性。

（四）科技人才的交流与培养

科技人才是推动科技创新的核心动力，也是全球科技竞争中最为宝贵的资源之一。随着经济全球化进程的发展，各国在科技创新领域的较量越发依赖高水平的人才，而人才的交流与培养已成为国际合作中不可或缺的一环。国际合作能够增进不同国家和地区科技人才间的交流与互动，并为科技人才的培养搭建宽广的平台。这种合作借助跨国交流、联合科研、学术协作等手段，促进了科技人才的多元化成长与综合能力的提升，加速了全球科技创新的迅猛发展，并为科技成果的共享与共赢打下了坚实的基础。

随着科技领域专业化程度的加深，单一国家或地区的科研资源和技术积累已难以满足全球科技创新的需求。跨国交流使科技人才能够跨越国界，直接融入全球科研网络，吸收其他国家和地区的先进经验和技术。这种交流不只是科研人员的短期访问或学术交流，还包括长期的学术协作、共同科研项目的实施等多种形式。在这样的合作中，科技人才能在全球不同的科研环境中得到历练，开阔视野，增强跨文化沟通能力和创新思维，从而提升整体的科研素质。某些国家在基础科学研究方面拥有深厚的基础，而其他国家则可能在应用技术、产业化转化等领域处于领先地位。

各国共同参与大型科研项目，特别是跨国科研计划，可以加速技术的创新与成果的转化，还为科技人才提供了更多的学习机会和实践平台。在这些合作科研项目中，来自不同国家的科技人才携手开展科学研究，攻克复杂的科技难题。合作促进了各国专业知识和技术的共享，还能使科研人员在合作中学习到先进的科研方法和创新思维。这种多国合作的科研模式，提升了科研效率，还为人才培养提供了宝贵的实践经验。国际空间站的建设与运营、国际基因组计划等全球性合作项目的开展，吸引了大量来自不同国家的科技人才参与。通过这些项目，科研人员提高了专业技术能力，还获得了国际化的科研视野和跨国合作的经验。

除了跨国交流和合作科研，国际学术合作对科技人才的培养与提升也至关重要。全球学术界的合作与互动日益紧密，学术会议、国际期刊、学术合作网络等平台的兴起，使科技人才能够便捷地与全球各地的同行交流思想、分享研究成果。这种国际化的学术氛围，帮助科技人才拓宽了研究领域，开阔了学术视野，还促进了学术思想的碰撞与融合，激发了人才的创新思维。在国际学术合作中，科技人才能够在更广阔的学术平台上展示研究成果，获得更多的关注与反馈，进而提升研究的质量和深度。学术合作中的互动与讨论也有助于人才培养方式的多元化，使科研人员能够接触到不同的学术文化和科研方法，丰富其学术经验，提高其实践能力。

现代科技的快速发展，要求科技人才具备更加多元化的能力和素质，特别是在跨学科、跨领域的创新能力上，单一的学科背景和传统的技术手段已难以满足人才的需求。通过国际合作，科技人才能够在全球范围内与不同领域的专家进行深度合作，互相学习与借鉴，培养跨学科的创新思维和解决问题的能力。科技创新往往源自不同学科之间的交叉融合，国际合作提供了这样一个跨学科、跨领域的交流平台，使科技人才能够在多元化的学术环境中获取不同领域的知识和方法，从而促进其创新能力的提升。无论是在人工智能、大数据、纳米技术等前沿领域，还是在传统科技领域，国际合作都为科技人才提供了更广阔的创新空间和更多的跨领域学习机会。国际合作有助于科技人才从单一学科的思维模式转向更加综合的跨学科创新思维模式，提升其解决复杂问题的能力，推动全球科技创新的持续进步。

在全球科技竞争越发激烈的背景下,科技人才的培养与交流对个体科技人才的成长至关重要,也对全球科技创新的进程产生了深远影响。科技成果的产生与转化离不开高素质的科技人才,而这些人才的培养与提升正是通过国际合作实现的。通过跨国交流与合作,各国能够共同提升科技人才的综合素质,推动全球科技创新能力的提升。在这个过程中,科技人才的能力不仅包括专业技术的提高,还包括创新能力、团队合作能力和跨文化沟通能力的提升。对这些能力的提升,有助于科技人才在国际化的科研环境中充分发挥作用,推动全球科技合作与创新的发展。

国际合作通过共享科研资源、技术知识和创新方法,为科技人才的培养创造了良好的环境。各国能够通过合作教育项目、国际化的科研培训和技术交流活动,共同培养具备全球视野的创新型科技人才。这些人才不仅能够在本国的科技创新中发挥重要作用,还能够通过国际合作,推动全球科技的发展。随着科技领域的不断发展和变化,人才的培养将越来越依赖国际化的合作模式。只有通过广泛的国际合作,才能确保全球科技人才的培养与时代发展同步,推动全球科技竞争力的提升。

(五)技术与知识的传播与推广

国际合作在全球科技竞争中,特别是在技术与知识的传播及推广层面,已成为驱动全球科技创新和社会进步的核心要素。随着经济全球化步伐的加快,科技知识与技术的传播不再受单一国家或地区的局限,而形成了跨国界、跨地域的互动新态势。国际合作强有力地支撑了科技成果的全球流通,并通过学术交流、技术转移、合作研发等手段,使全球范围内的科技知识与技术得以高效共享与运用。这种全球性的传播机制加速了科技成果的实际转化与应用,更为推动全球科技的共同进步、促进知识与技术的交融与创新提供了不竭的动力源泉。

学术交流是国际合作的一种关键形式,对于促进科技知识的传播发挥着至关重要的作用。在经济全球化的大背景下,世界各国的科研人员与学者能够借助国际会议、学术期刊、跨国合作项目等渠道,分享各自最新的研究成果与技术进展。学术交流平台为来自不同国家和地区的科研人员构建了一个开放的交流与合作的空间，在此平台上，科研人员能展示自己的研究成果，还能迅速掌握其他国家和地区的最新科研动态。这种知识交流的加速，直接推动了全球科技水平的整体跃升。国际会议与学术期刊的出版，极大地促进了科技成果的快速传播，确保了全球科研人员能够同步获取先进的技术与理论知识。学术交流开阔了各国科研人员的视野，提升了其创新能力，推动了全球科技创新体系的不断完善与发展。

技术转移作为国际合作的另一种重要形式，为全球范围内科技成果的快速传播与应用提供了有效途径。技术转移是指将某一国家或地区的创新技术，通过合作与共享的方式，引入其他国家或地区，从而实现技术的全球流通。这种转移通常借助技术合作协议、跨国企业合作、技术孵化等模式实现，能够促使技术在不同国家和地区间的迅速传播与应用。发达国家在高新技术领域常具备领先优势，而发展中国家则可通过技术转移引进这些先进技术，推动本国的产业升级与经济发展。技术转移涵盖设备和技术本身，还涉及相关的管理经验、操作规范及市场推广策略等。

做研发是国际合作中的另一项关键实践，多国科研团队的协同合作，可以进一步加速科技成果的国际化传播。随着科技问题的日益复杂化，许多重要的科研课题与技术难题已超越单一国家的研究范畴，需要各国科研人员跨越国界进行联合攻关。在医药研发、能源技术、环境保护等领域，众多科研问题均需跨国合作才能取得突破性进展。合作研发能够汇聚各国的技术力量与创新资源，还能促进不同国家在科研方法、技术应用、实验设计等方面的深入交流与学习。科研成果通过合作研发，能够迅速在全球范围内传播，推动全球科技的共同进步。国际合作项目的实施，往往能使研究进程推进得更为高效，并带来更为深远的技术影响，这对于全球科技发展是重要的推动力。

科技成果的全球传播不仅体现在学术领域的合作与技术转移上，还在实际应用中发挥着关键作用。各国通过国际合作，能够联合开展技术推广与应用试点项目，确保科技成果在全球范围内实现快速落地与普及。绿色能源技术的推广便是一个典型例证。借助国际合作，发达国家在风能、太阳能等绿色能源技术领域的创新成果，能够通过跨国合作的形式，在发展中国家进行广泛应用，助力这些国家实现能源结构的优化与可持续发展。国际合作的深入，加速了这些技术在全球的普及，为全球应对气候变化、减少碳排放提供了切实有效的解决方案。

跨国科技创新合作还能够促进不同国家和地区在科技政策、法规及标准制定方面的协同发展。随着技术与知识的跨国流通，全球科技创新体系逐步趋向一体化，国际技术标准和知识产权保护成为各国科技合作中的核心议题。在科技成果的推广过程中，知识产权的保护尤为重要，特别是在技术转移与合作研发过程中，平衡各国利益、保护创新者的知识产权，是国际合作顺利推进的关键所在。为应对这一挑战，国际合作平台与科技联盟的建设显得尤为重要。各国借助这些合作平台，能够共同制定统一的科技创新标准和知识产权保护机制，保障各方的合法权益，推动全球科技成果的公平共享与快速应用。

在全球科技竞争日益加剧的当下，技术与知识的全球传播已成为推动世界科技进步的核心驱动力。国际合作作为技术与知识传播的重要形式，加速了科技成果在全球范围内的应用，还促进了各国科研人员的紧密合作与经验交流。通过学术交流、技术转移、合作研发等多种途径，全球科技创新的成果得以迅速流通，为各国的科技发展注入了强劲动力。在面对气候变化、能源危机、公共卫生等全球性挑战时，国际合作使全球范围内的创新力量能够汇聚到一起，共同应对复杂的科技难题，推动全球科技水平的同步提升。

国际合作的深化加速了科技成果的传播，推动了全球科技创新的融合与协同。不同国家和地区的科技发展状况存在差异，但通过全球范围内的合作，国家间的科技鸿沟能够得到有效缩小。知识与技术的传播不再限于某一领域或技术，而涵盖了从基础科学到应用技术的各个方面，如能源、环境、医药、信息等。国际合作促进了全球科技创新的持续融合，为解决人类共同面临的挑战提供了多元化的解决方案。技术与知识的全球传播，加速了科技成果的转化与应用，还推动了全球科技创新的不断发展，为人类社会的共同繁荣与可持续发展奠定了坚实的基础。

三、平衡全球竞争与国际合作

全球竞争与国际合作在科技创新与科技成果转化的进程中，呈现出一种既复杂又微妙的动态平衡状态。随着全球科技发展步伐的不断加快，各国在竞相争取科技创新领导地位的过程中也逐渐认识到，在应对如气候变化、疾病防控、环境保护等全球性挑战时，单一国家的力量尤为有限，唯有通过国际合作，方能实现科技难题的有效破解。全球竞争与国际合作并非相互排斥的，而是相辅相成、相互促进的，在推动科技创新与成果转化方面扮演着至关重要的角色。

全球竞争作为一股强大的驱动力，对科技创新与成果转化具有深远的影响，并显著影响了各国的科技发展战略。在经济全球化的大背景下，人们对科技创新的关注度持续上升，科技成果已成为经济与社会发展的核心要素，同时是国家竞争力的直观体现。全球竞争促使各国不断强化自身的科技创新能力，优化创新环境，以确保自己在全球科技舞台上占据优势地位。这种竞争机制进一步激励了政府、科研机构及企业加大对科技创新的投入，以在关键技术领域取得突破，推动技术进步与产业升级。为了在全球科技竞争中占据先机，各国投入了巨额资金和资源进行科研活动，通过政策创新与制度创新，营造更加有利于科技发展的环境，吸引全球范围内的顶尖科技人才。竞争加快了创新步伐，特别是在高科技领域，如人工智能、量子计算、生命科学、新能源等，各国纷纷加大研发力度。全球竞争推动了科技的飞速发展，还加速了科技成果的商业化和产业化进程。在这种竞争环境下，科技成果能够迅速被转化为实际应用，并快速进入市场，从而带动产业结构的优化与经济的高质量发展。以人工智能领域为例，全球各国通过竞争不断推动技术创新，多个国家和地区已在人工智能领域取得了一系列重大科技成果，这些成果促进了各国经济的增长，还加速了全球人工智能技术的普及与应用。在全球竞争中，科技成果的商业化和产业化提升了各国自身的科技实力，还对全球科技领域的发展产生了积极的推动作用。

尽管全球竞争能够加速科技创新与成果转化，但其无法单独解决所有全球性科技问题，特别是面对气候变化、疾病防控、环境保护等全球性挑战时，各国间的竞争往往无法带来有效的解决方案。这些问题跨越国界、文化与经济差异，需要全球范围内的共同合作。单一国家或地区的技术力量和资金投入难以应对这些全球性问题，反而可能导致技术、资金和资源的浪费，甚至加剧国与国之间的不信任与对立。

各国通过国际合作，可以集中全球的科研力量，共享技术和资源，在应对全球性科技挑战时实现优势互补。全球性科技问题往往涉及多学科、多领域的知识积累和技术创新，任何单一国家的科技力量都显得力不从心。应对气候变化需要全球范围内的协调合作，各国需共享气候变化监测数据，联合研发低碳技术，推动绿色能源的发展。通过国际合作，科技成果能够在全球范围内得到更广泛的应用与转化，跨国技术共享与交流，也可以提升全球科技创新的整体水平。

国际合作涉及技术层面的合作，包括科研数据的共享、政策的协调、资金的支持以及人力资源的交流等多个方面。在全球合作的框架下，各国可以形成更加紧密的科研网络和产业链条，通过共同研究、联合开发、跨国项目合作等方式，加速科技成果的转化与应用。

在全球合作的过程中，各国之间的互信与合作基础至关重要。要实现全球范围内的科研合作，各国必须在彼此之间建立起坚实的信任基础，消除可能存在的政治、经济和文化障碍。在国际合作中，透明的信息交流、开放的数据共享和公平的资源分配是实现合作成功的核心要素。只有在信任的基础上，科研人员和科研机构才能够携手共进，共同解决全球性的科技难题。因此，各国还需要在国际合作中加强对知识产权的保护，确保科技成果的共享不会导致技术的滥用或对知识产权的侵犯。这需要全球科技治理体系的不断完善，并通过国际协议、法律框架等方式，保障各国的权益，推动全球科技合作的可持续发展。

尽管全球竞争和国际合作在科技创新与成果转化中的作用各有侧重，但两者并非相互排斥的，而是可以相互补充、相互促进的。全球竞争激励着各国不断提升自身的创新能力，推动着科技成果的转化与产业化，而国际合作则为解决全球性科技问题提供了不可或缺的支持。随着科技领域的全球性挑战与合作需求的日益增多，各国应在竞争中寻求合作的机会，在合作中提升竞争力。通过在全球科技竞争与合作中找到平衡点，各国可以共同推动科技创新的发展，促进科技成果的全球转化与共享，为解决全球性问题、实现可持续发展贡献力量。

全球竞争与国际合作的平衡，是现代科技发展的核心所在。各国应深刻认识到，科技创新是国家发展的核心驱动力，也是全球文明进步的重要推动力。在全球科技竞争日益激烈的背景下，各国既要保持竞争的活力，不断提升自身的创新能力，又要通过国际合作共同应对全球性科技挑战，推动全球科技创新的持续进步。全球科技的发展能推动技术创新，并能推动全球共同应对人类面临的复杂挑战，促进全球社会的繁荣与可持续发展。

在全球科技竞争日益激烈与国际合作不断深化的背景下，寻求二者之间的平衡已成为各国在推动科技创新与成果转化进程中所必须面对的核心议题。随着经济全球化步伐的加快，各国既要力争在科技领域占据领先地位，又需在跨国合作中积极探索互利共赢的新机遇。如何在全球科技竞争与国际合作之间找到恰当的平衡点，已成为科技发展战略中的一项关键任务。实现这一平衡，需要各国既能洞悉全球科技发展的趋势，把握合作机遇，又能正视竞争的现实，充分利用竞争机制推动本国科技创新能力的提升。各国需明确自身的科技战略目标，精心构建合作框架，并在激烈的竞争中发掘合作的契合点，以期在全球科技竞争中占据优势，同时促进国际合作。

要在全球科技竞争中崭露头角，各国需在科技发展路径上展现出战略远见。这是技术层面的较量，更是创新生态系统整体实力的比拼。国家层面的科技战略目标应聚焦于核心技术的突破，特别是在信息技术、生物医药、量子计算、人工智能等前沿领域，需持续加大投资与创新力度。在全球科技竞争的大潮中，各国还需深刻认识到科技合作的必要性。面对气候变化、疾病防控、能源安全等日益严峻的全球性挑战，任何单一国家都难以独自应对。国家的科技战略要致力提升国内创新能力，还应通过多边合作加强全球科技创新的协同性，与各国共同应对全球性挑战。

全球科技竞争的加剧与国际合作的深化，促使各国在参与全球科技创新时更加注重合作与竞争的有机融合。竞争能够激励各国在短期内迅速提升科研能力，推动技术革新，同时激发市场创新与产业化的活力。仅凭竞争难以应对复杂的全球科技难题，各国在强化竞争的同时必须在开放的合作框架内寻求技术、人才和资源的共享。各国通过有效的国际合作，能够更迅速地汇聚全球创新资源，促进科技成果的跨国转化。

在全球竞争与国际合作的博弈中，数据共享已成为一个至关重要的议题。随着大数据时代的到来，数据的价值在科技创新中愈加凸显。数据是科学研究的基础，也是技术创新、产业发展和社会进步的重要驱动力。各国通过数据共享，能够最大化利用科研资源，推动跨国科研项目的合作与成果转化。数据共享有助于全球科研人员更迅速、更精准地进行科学探索，加速科技创新与技术转移。

数据共享的背后也伴随着诸多竞争问题。在全球科技竞争的背景下，数据共享往往涉及数据安全、隐私保护、知识产权等方面的争议。特别是当涉及敏感数据时，如何平衡数据共享与国家安全、企业利益之间的关系成为一个复杂问题。在涉及企业研发数据时，企业可能会对过度共享使技术优势被竞争对手获取，进而影响市场份额和利润等问题有所顾虑。类似的担忧也存在于政府与科研机构，特别是当科技成果涉及国家战略安全时，各国对数据共享往往持谨慎态度。数据泄露、滥用或侵犯知识产权等风险，使在数据共享过程中如何保障数据安全成为全球合作的核心议题。

在全球竞争与国际合作的框架下，如何在数据共享与保护知识产权之间找到平衡，是一个亟待解决的关键问题。在这一过程中，国际合作框架、法律体系和科技伦理发挥着至关重要的作用。全球科技治理体系需加强对数据共享的规范，建立全球统一的数据共享标准和保护措施，确保各方利益得到公平保障。各国可通过多边国际组织或国际协议，制定数据共享的法律保障和技术规范，防止数据滥用、泄露或知识产权侵犯。国际合作也需建立更加透明的数据共享机制，确保数据共享过程公开、公平，使各国能在平等的条件下参与全球科技创新。

各国需加强对数据安全和知识产权的保护，制定更为严格的国内法律和国际合作框架。全球数据保护法规可借鉴《通用数据保护条例》等国际法律框架，确保在数据共享过程中，数据本身的安全得到保障，相关的技术和知识产权也能得到充分保护。只有在全球范围内建立起可靠的数据共享与保护机制，才能确保全球科研人员和技术开发者在互信的基础上开展合作，推动科技创新的可持续发展。

全球科技竞争与国际合作的平衡并非一蹴而就的。各国需根据自身科技发展需求、国际竞争格局以及全球合作的实际情况，制定灵活的策略。在全球科技竞争的背景下，保持竞争活力、促进技术创新至关重要。而在全球合作的框架下，数据共享、技术合作与成果转化将是推动全球科技创新和应对全球性挑战的关键。通过寻求竞争与合作之间的平衡，各国能够在全球科技创新的浪潮中占据领先地位，并为全球科技成果的共享与转化作出贡献。

全球竞争与国际合作之间的平衡，要求各国既要注重提升自身的科技竞争力，又要在全球范围内推动合作共赢。通过构建一个开放、安全、公平的国际合作机制，强化全球数据共享、技术创新和人才交流，各国才能更好地应对全球科技挑战，推动全球科技创新的持续繁荣。

第三章　科技创新的驱动要素

第一节 政策环境和制度建设

创新生态系统驱动科技成果转化的路径可概括为"主体共生—要素融合—创新链进化",即主体基于彼此间形成的创新链,驱动系统要素的融合,进而驱动创新链的进化,如图 3-1 所示。

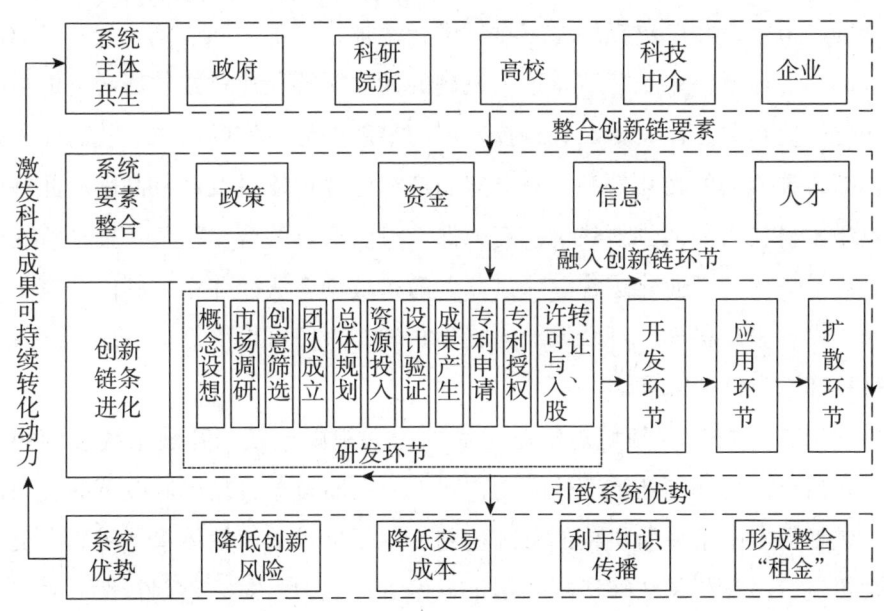

图 3-1 科技成果转化驱动的内在动力

该驱动路径的优势如下。

第一,从不确定特征来看,主体共生关系与系统要素融合所形成的组织稳定性,在一定程度上可冲抵外部环境中的不确定性,从而降低系统创新的风险。第二,系统主体间形成合作与信任的关系,可有效限制机会主义行为的发生，因此收集信息的成本会大大降低，监督和执行合约的成本、交易成本也会大幅度降低。第三，通过资金流、信息流、知识流等，系统主体可形成相互融合的有机整体，信息交流平台、协调管理层、信息共享层可有效促进科技成果中一些隐性知识的传播。第四，由于多主体、多环节、多要素的整合，整体所发挥的优势将大于单体优势，形成一个更为优化的格局，其效益优化的部分可被视为系统整合"租金"。多元创新主体可从多重系统的优势中获取相应的创新利益，进而激发出自身内在的动力，最终实现可持续的科技成果转化。

在当前全球科技日新月异的时代背景下，各区域对立法精细化的推进显得尤为重要。首先，各级政府需全力构建并优化立法起草、论证及协调的完整机制，以确保科技创新相关法律的科学性与可操作性。立法流程应囊括初步草案的拟定，并广泛吸纳专家意见进行论证，跨部门间协调一致，形成闭环式的立法体系等多个环节。这一机制的建立能够加速科技创新法律的更新与细化，使相关法律紧密贴合科技发展的最新态势与实际需求。政府还需强化创新科技成果的转化效率，完善知识产权的保护体系及产权制度。此举能有效激发科技人员的创新热情，有力保障科研人员的合法权益，推动科技成果的广泛应用与产业化进程。经过完善的科技创新法律体系，其内容应更加全面、设计更趋科学，且政策导向更为合理，人们可以更好地适应瞬息万变的科技环境与市场需求。

政府在科技治理领域需实施全面的治理规则革新，开展系统性的梳理与深入研究。科技创新治理体系的构建，应全面覆盖科技体制改革的各项内容，包括但不限于科研机构的管理机制、科技项目的评估体系、科研人员的激励机制等。在相关法律法规的制定与修订过程中，需注重创新性、时代性与环境适应性，同时提升其约束力，确保法律法规能够切实指导并规范科技创新活动。在此过程中，政府应避免科技创新部门单方面制定相关制度，以防范政令不一、政策冲突等现象的发生。对于现行科技制度，政府应基于科学评估与系统评价，及时废除无法发挥有效作用的法律法规，优化法律体系结构，提升整体治理效能。

企业在科技创新进程中应积极参与应用类科技的重大决策，而政府则需充分吸纳企业的意见与建议。企业作为创新的主体，拥有丰富的市场经验与深厚的技术积淀，令其参与决策能够显著提升决策的科学性与可操作性。政府应着力营造鼓励创新主体协同治理、宽容失败的政策环境，减少对创新过程中不确定性与风险的过度干预，从而激发企业的创新潜能。政府需高度重视科技决策咨询的规范化与法治化建设，将政策咨询纳入科技部门创新决策的法定流程，确保决策过程的公开透明。相关专家咨询制度应逐步完善，构建多层次、多领域的专家咨询平台，充分吸纳各领域专家的智慧与经验。在涉及科技体制改革的重大议题上，政府应广泛听取各方意见与建议，确保决策的全面性与科学性。①

推进科技创新立法的精细化、对创新治理规则的全面梳理以及鼓励企业在科技决策中的积极参与，是构建科学、系统、合理的科技创新法律体系与治理体系的关键所在。各区域与各级政府应高度重视这些方面的工作，协调各方力量，不断优化与完善科技创新政策，为实现科技强国的宏伟目标奠定坚实的法律与制度基础。系统性的立法与治理创新，能够有效应对科技发展中的各类挑战，促进科技成果的转化与应用，提升国家的整体创新能力与国际竞争力。

在具体的实施过程中，各区域应依据自身的科技发展水平与实际需求，制定切实可行的实施方案与配套措施。可以设立跨部门的立法协调机构，负责统筹科技创新相关法律的起草与修订工作，确保各项法律法规的协调一致。应加强与国际先进科技法律体系的对接，借鉴国际先进经验，提升本国科技立法的国际化水平。政府应加大对科技法律的宣传与培训力度，提升相关从业人员的法律素养与专业能力，确保法律法规在实际操作中得到有效执行。

在治理规则创新方面，政府应推动科技治理与社会治理的深度融合，充分利用大数据、人工智能等现代信息技术手段，提升科技治理的智能化与精

---

① 中国科学技术发展战略研究院课题组、孙福全：《国家科技创新治理体系与上海对策总体研究》，《科学发展》2016年第8期。

细化水平。可以构建科技创新大数据平台，实时监测与分析科技发展动态，为政策制定提供科学依据。应加强对科技创新过程的动态监管，确保科技活动的合法合规，有效防范科技风险的发生。在法律法规的制定过程中，应充分考虑科技发展的多样性与复杂性，制定灵活且具有前瞻性的法律条款，以适应科技创新的快速变化。

企业在科技决策中的参与，能够提升决策的科学性与有效性，还能增强企业的责任感与参与感。政府应通过立法与政策引导，鼓励企业积极参与科技决策过程，建立健全企业与政府之间的沟通机制。可以设立企业代表委员会，参与重大科技项目的评审与决策，确保企业的意见与建议能够在决策中得到充分反映。政府应提供必要的支持与保障，帮助企业克服参与过程中的困难与挑战，发挥企业在科技创新中的积极作用。

政府应建立健全专家库，专家库中应包含各科技领域的顶尖专家与学者，确保咨询意见的权威性与专业性。在重大科技决策过程中，应定期召开专家咨询会议，听取专家的意见与建议，确保决策过程的科学性与透明度。政府应建立专家评审的反馈机制，及时将专家的意见融入决策过程，提升决策的针对性与有效性。

第二节　企业文化和创新氛围

一、企业文化概览

（一）企业文化的概念

企业文化在如今竞争激烈的商业环境中已逐渐成为影响组织生存与发展的核心要素，学者们普遍认为企业文化与战略、结构、流程等管理要素相互交织，共同塑造着企业的整体形象。研究者在界定企业文化的概念时往往强调价值观、信念和行为模式等多重维度，管理者则能在实践中充分感受到文化建设对企业凝聚力与执行力的深远影响。组织心理学家认为企业文化涵盖显性的文化符号、仪式、口号和规章制度，更内含隐性的思维方式、态度倾向和集体认知，更有企业领导者在多年的发展历程中逐步积淀形成的区别于他人的文化基因。企业文化在学理层面可以被视为一种"组织精神"，这种精神通过企业愿景、使命与价值观的传播持续影响员工的认同感与归属感，并在日常管理和决策活动中发挥导向作用。实践者发现文化的"软实力"常常比流程和结构等"硬实力"能更为深刻地决定企业的可持续性，员工在文化环境的浸润下会产生特定的行为倾向，从而塑造企业的整体氛围。

（二）企业文化的特征

研究者在探讨企业文化的特征时强调其系统性与传承性，管理者往往通过制度设计和日常行动将文化的内在价值延续下去。企业文化在塑造凝聚力时也具有差异化特征，员工在认同企业文化的基础上形成共同的精神纽带，并将其内化为工作动机和奉献精神。管理学界普遍认为企业文化的稳定性与动态性是并存的状态：一方面，文化具有相对稳定的传统与规范；另一方面，企业必须因应外部环境变化而对文化进行调整与再造。领导者在进行文化传播时经常依赖符号、仪式和故事等方式，将抽象的理念转化为员工日常可见的具体元素。员工在文化环境里接受价值观的熏陶，同时会通过内部沟通和口碑效应不断重塑文化，实现"被认同—再认同"的交互过程。外部利益相关者也会通过品牌知名度、企业社会责任实践等方式感知企业文化的特征，并将其纳入对企业综合实力的判断之中。企业文化的独特性体现在制度和行为层面，也折射在员工对待变化和挑战的态度上，企业若能保持积极向上的文化氛围，就能在变革浪潮中不断调整姿态并孕育新的增长点。

（三）企业文化的内容

管理学者在研究企业文化的内容时通常会将愿景、使命和价值观视为核心，组织行为学者认为这些核心要素能够引领企业的发展方向并激发员工的内在动力。领导者在构建企业文化时常常需要先明确企业"要到哪里去"的愿景，并在此基础上确定承担何种社会责任和市场使命。企业使命往往体现着企业希望为客户、员工、社会等多方带来的价值，员工在清晰使命的指引下会更加明确自身工作的意义，从而提升对组织目标的认同度。价值观则贯穿于企业运作的方方面面，领导层通过选拔和任用符合企业价值观的人才来确保组织的"文化血脉"得以传承。企业在此过程中会不断将价值观融入招聘、绩效管理和日常沟通中，并形成独具特色的文化标识。企业文化内容还包括工作氛围、规章制度、仪式符号以及晋升体系等方面，研究者普遍认为显性结构与隐性心理感受的结合能够更好地塑造员工的行为模式。员工若能在文化氛围中感受到尊重与信任，就会将个人目标与组织目标联系到一起；组织若能为员工提供多样化的发展通道并尊重员工的差异化需求，就能在激烈的市场竞争中培养和留住核心人才。企业文化还渗透于企业的社会责任战略之中，许多企业在企业文化中强调对环境保护、社区发展和公益事业的关注，企业在实际行动中也应以文化为导向积极参与社会公益，从而赢得更为广泛的社会认同与支持。学者们在长期观察中发现，企业文化的内容越丰富、内涵越深刻，企业就越能激发员工的创造力与凝聚力，从而使组织的整体竞争优势得到有效巩固。

二、企业文化对创新的影响

研究者在分析企业文化对创新的影响时发现，文化氛围往往对员工的创造性动机与行为倾向起着关键性的影响作用，领导者如果能够为员工提供心理安全感和必要的资源支持，就能有效促进创新想法的产生与执行。企业在构建创新导向的文化时，需要在价值观层面鼓励员工的冒险精神和持续学习，以驱动员工不断尝试新思路与新技术。管理实践表明，包容失败和鼓励尝试的文化能够降低员工对犯错的恐惧感，员工在安全氛围中会更乐于提出独特的见解，也更愿意对未曾涉足的领域进行探索。企业在此过程中应当意识到，创新意味着产品或技术的突破，也包含对流程、服务和商业模式的持续改进，只有建立广义的创新观念才能让企业在日常运作中形成创新积淀。管理层如果在制度和考核方式上给予员工创新行为以足够的重视，就能通过显性激励与隐性激励的结合，使创新成为企业全员共同追求的目标。文化研究者也指出，部分企业虽然在制度层面宣称支持创新，但会在实际执行中惩罚失败或过度强调短期绩效，这种矛盾的做法会产生强烈的文化冲突，使员工对创新丧失热情与信心。企业若想真正让文化成为创新的驱动力，就需要从企业顶层设计到基层实践都保持一致的价值导向。

  组织行为学家强调，企业文化在创新活动中的价值既体现在宏观层面的战略支撑，也体现在微观层面的团队协作与知识共享。领导者在推动创新项目时若能营造跨部门协同与信息流动的环境，就能避免"部门墙"对创意整合的阻碍，也能促进技术与市场、生产与销售等多元视角的融合。管理者在组建创新团队时可以利用文化氛围将不同专业背景与性格特质的员工凝聚在一起，团队成员若能彼此信任并尊重差异，就能通过交流碰撞激发灵感。企业内部如果有成熟的意见反馈和沟通渠道，就能及时将前沿信息或用户需求传递给相关创新部门，使创新者迅速迭代思路。研究显示，高度官僚化或等级森严的文化不利于迅速整合资源与发掘创意，扁平化和开放式的文化更能让创新要素自由流动。文化建设的重点还在于如何形成自下而上的创新动力，企业若仅依靠高层倡导而忽视基层员工的主观能动性，就会在创新管理中遭遇执行瓶颈。员工在参与创新时如果能感受到企业文化所营造的尊重与支持的氛围，就会更加主动地表达看法并承担项目责任，从而提升创新的整体效率与成果质量。有学术研究表明，具有内在创新文化的企业更能吸引兼具创造性与学习力的人才，也更能在激烈的市场竞争中保持持续的产品和服务更新能力。

  管理理论指出，企业文化在影响创新时会体现出路径依赖和变革阻碍这两种相对矛盾的特性。文化在为企业提供稳定的发展基础的同时，可能会在面对环境急速变化时产生顽固的惯性，使企业难以迅速转型。领导者在推行重大创新变革时若忽视了文化层面的改造，就会面临员工价值观与已有流程之间的冲突。企业在此过程中需要进行系统的文化反思，并借助培训、宣导和标杆示范等方式逐步改变员工对新技术或新流程的排斥心理。企业若能形成包容多元观点的文化，就能把变革的阻力转化为创新的动力，从不同意见和质疑声中找到改进方案。文化的自我修正与变革可以通过领导力、激励机制以及内部沟通的共同作用来实现，企业若能为员工提供多重发展路径与灵活的考核方式，就能在动态平衡中保持对创新的持久追求。研究者认为，当外部环境出现重大的不确定性时，企业的文化韧性与学习能力就会决定企业能否在转型中快速迭代。具备学习型文化的企业往往鼓励全体员工关注行业趋势与技术动向，并通过团队学习和知识分享来实现快速跟进，新理念与新实践在这样的环境中更容易落地执行，从而形成企业创新的核心竞争力。

三、创新氛围的重要性

管理者在谈及企业创新时常常提到创新氛围这一概念，研究者则从心理学与组织行为学的视角对其做出了深入探讨。创新氛围指企业内部所呈现的能够激发和支持创造行为的文化与环境状态，学者们普遍认为这一氛围与企业整体的价值观、领导风格、沟通渠道和激励机制等因素密切相关。领导者在塑造创新氛围时往往起着表率作用，员工会通过对领导者言行举止与决策倾向的观察来推断企业对创新的真实态度。企业若想保持长久的竞争优势，就需要在企业文化内部构建持久而有弹性的创新氛围，以确保员工在面临未知和挑战时仍然能够保持乐观与创造力。管理专家指出，创新氛围与研发部门或技术团队有关，也与各职能部门的日常工作方式紧密相连，市场、运营、财务乃至行政部门都需要保持对新观念的开放性心态。企业若能在氛围上实现对多样化观点的尊重，就能让"破界"的创意在跨部门合作中得到充分发展，也能缩短概念验证与产品落地之间的距离。

心理学家在分析创新氛围的重要性时强调了安全感与自我效能感这两大因素。员工在创新过程中常常面临失败或被质疑的风险，如果企业氛围能够提供足够的安全感，员工就会更愿意承担尝试新事物所带来的不确定性。管理者如果在激励政策上对失败有适度容忍，并对员工的尝试给予及时和正向的反馈，就能有效培养员工的创新勇气。员工若能持续在工作中积累微小的成功经验，便会提升自我效能感，从而愿意接触更具挑战性的问题或领域。创新氛围还要求企业建立资源投入与信息流动机制，否则再好的想法也会因为缺乏执行条件而无法落地。研究者在实证研究中发现,具备良好创新氛围的组织往往拥有扁平化的沟通结构和多元包容的团队文化,管理者在其中扮演领导者与支持者的双重角色。员工在交流互动中所获得的灵感不只是在专业技术层面,也可在客户需求洞察、市场预测和商业模式优化等方面产生创意。创新氛围的重要性还体现在对员工敬业度和组织承诺的提升上,研究显示,当员工感到自己可以自由发挥创意并得到组织的认可时,就会更深刻地认同企业目标并产生积极的投入感。

领导者在宏观层面也应当关注创新氛围对企业外部形象和社会影响力的辐射效应。投资者和合作伙伴往往会通过企业的创新成果与文化氛围来评估其未来发展潜力,媒体和公众舆论也会对企业在新技术、新理念上的突破给予持续的关注。企业在积极营造创新氛围的过程中还可能引发行业跟随或形成产业集群效应,从而带动更大范围的创新浪潮。政策制定部门若能识别出企业对于创新氛围建设的需求,就会通过税收优惠、科技补贴、创新联盟的组织等方式提供外部支持,形成良性循环。员工能在企业内部的创新氛围中成长,也会在个人职业生涯中累积更多跨学科知识与项目经验,并在将来可能的跳槽或创业过程中带动更多社会创新资源的流动。

四、创新氛围的构建

管理学界在探索创新氛围的构建路径时提出了多维度策略,研究者认为领导力与组织结构是最基础的两个方面。领导者若能在战略层面为创新提供清晰指引,并在执行层面给予资源与政策保障,就能提高整个组织的创新积极性。企业在此过程中可以通过设立专门的创新委员会或项目小组来整合研发、市场、运营等多方力量,以确保资源分配与决策流程的高效性。若组织结构过于僵化,就需要部门合并、流程再造或建立跨部门沟通机制来打破壁垒,让创新想法在不同职能与层级之间得以顺畅传递。企业可在内部倡导"创新主人翁"精神,鼓励每位员工都成为问题发现者与解决者,而非消极等待指令。管理者在激励方式上可以采用多元化手段,如设立创新奖项、举办创意竞赛或"黑客马拉松"等活动,这既能加强团队合作,又能促进新思路的涌现。

学者在研究创新氛围的构建时还强调知识管理与学习机制的重要性。企业若想保持创新的连续性，需要建立系统的知识存储和共享平台，让员工能快速查询历史项目经验并在此基础上进行二次创造。领导者在营造学习氛围时可以组织定期的内部培训、读书会或外部参访活动，让员工持续接触前沿理论与实践案例。管理者若能善用信息技术工具，将数据分析与知识图谱等引入日常工作，就能让员工在数字化环境中更便捷地捕捉创意灵感。企业还可以建立专门的教练或导师制度，通过以老带新的方式加快新员工对创新文化的认同与融入。研究者在实务观察中发现，学习型文化与创新氛围之间常常存在高度耦合关系，拥有持续学习传统的企业更容易形成创新的"内生基因"，从而在外部环境动荡时依旧保持较强的适应和转型能力。

管理理论指出，营造创新氛围离不开内部沟通与协同机制的构建。企业若能在不同层级和部门之间建立扁平、高效的沟通通道，就能让信息与意见及时互通，从而降低因部门割裂导致的资源浪费与决策延误。组织行为学家认为，正式会议与非正式交流在创新过程中同样重要，茶水间闲聊、跨部门团队建设活动等"边缘"接触往往成为创意诞生的契机。企业在打造沟通环境时需要充分考虑员工的个体差异，管理者若能设置匿名意见征集、线上头脑风暴平台等多种形式，就能让内向型员工也积极参与创新讨论。协同机制不应只局限于内部，供应链伙伴、外部顾问、行业专家都可以通过生态系统的方式参与企业的创新进程。管理者可以通过定期举办分享会或研讨会，邀请外部专家为企业提供专业洞察，也可以从上下游合作伙伴处获取宝贵的市场反馈与需求信息。企业若能在协同网络中占据核心地位，就能通过整合多方资源形成更强的竞争合力，并将创新氛围辐射到整个产业链。

研究者在分析构建创新氛围时还关注到了企业文化的演化与塑造过程。企业在长期实践中若形成了风险规避或过分注重短期收益的思维定式，管理者就需要进行系统的文化反思与重塑。领导者可以通过修订价值观声明、引入新血液或启动文化变革项目的方式来纠正不利于创新的陈旧观念，并在此过程中寻找企业历史与转型方向之间的平衡点。员工往往对文化变革会产生或抵触或焦虑的情绪，企业若能在变革初期提供充分的沟通与培训，就能帮助员工更好地理解新文化与自身利益的契合点。管理团队需要意识到，创新氛围的构建不是一蹴而就的，而是持续推进的过程，需要长时间的投入与耐心，也需要根据环境变化进行动态调整。学者总结过一些常见的误区，例如，将创新氛围等同于"人人加班、环境宽松"或者"无限制投入"，而忽视了对组织绩效和员工身心健康的综合考虑。企业若能在追求创新的同时建立合理的目标管理与风险控制机制，就能在创新氛围与组织效能之间取得平衡。

管理者在实践中常常借助典型案例和榜样力量来强化创新氛围，内部的创新明星和成功案例能够鼓励其他员工参与创新行动。学者在实证研究中发现，员工对榜样人物的认同与模仿行为能够大幅提升企业对新项目的推动力。企业若能在战略层面保持对创新的前瞻布局，就会不断向市场输出差异化的产品和服务，并逐渐在行业内树立创新领导者的地位。员工在具备创新氛围的环境中能够获得更高的成就感，也能通过技能提升和经验积累为自身职业发展赢得更多可能性。社会公众和投资机构在观察企业发展潜力时，往往更加倾向于具有创新基因和积极文化氛围的企业，对其未来走向也具有更高的信心。创新氛围的成功构建能催生一系列衍生效益，促进上下游企业协同、扩大国际合作空间、吸纳更多高素质人才等，从而使整个行业或区域在创新浪潮中实现更高层次的升级。

第三节　人力资源和创新团队

一、科技创新人力资源

（一）科技创新人才

对科技创新人才的界定在学术界尚未达成统一共识，众多学者从多维度提出了各自的定义。在国际范围内，对科技创新人才的定义和相关的分歧由来已久，莫衷一是。美国《创新杂志》从工业创新的角度出发，将创新型人才界定为那些拥有创新思维，能在科技活动中被激发思想火花，孕育并实践新观念，最终将这些观念转化为具体科技成果的个体。心理学家西蒙·巴伦－科恩（Simon Baron-Cohen）则从心理学视角出发，认为尽管科技创新人才在不同领域表现各异，但他们普遍具备几种核心的创新特质，包括强烈的独立自主意识、高度的自我效能感与情绪稳定性、倾向于独立处理人际关系、高水平的冲动控制能力，以及对矛盾和障碍的浓厚兴趣。国外学者倾向于从心理学角度剖析科技创新人才，强调创造性思维与创造性人格的重要性，并认为创新人才应是情感、智力及个性等方面均得到了综合发展的人才，其具备发现问题与解决问题的能力，拥有独立思考与批判精神，且能力卓越。

有学者采用统计学视角，根据科技创新人才的数量与分布情况进行分类，这些类别涵盖研发（R&D）人员、高级学者、专家、知名教授、科研人员和工程技术人员等。从必备要素来看，科技创新人才需首先从事科技活动，并具备独立进行创新活动的能力。他们通常能创造重大科技成果，或在社会、经济及科技进步方面作出显著贡献。区分科技创新人才与一般人才的标准主要包括是否具备显著的创新能力和创新意识，是否取得过重大科技成果或作出过社会贡献，是否获得了较高的社会荣誉，以及是否能对经济、科技和社会进步产生深远影响。

对创新人才素质构成的研究可大致划分为几个核心类别，聚焦于创新型人才所展现的一般特质，这些特质包括广泛的知识基础、强烈的好奇心与浓厚兴趣、敏锐的洞察力、勤奋努力与高度专注、诚实品质、强烈的责任感，以及坚定的自信心。部分研究者专门探讨创新人才的某一核心特质，认为坚强的创新能力、自觉的创新意识以及缜密且富有逻辑的创新思维构成了创新人才最为根本的素质。其他研究则着重强调创新人才的综合特质，这些特质融合了一般特质与创新特质，其中一般特质涵盖自然属性、心理特征及社会特质，而创新特质则指向创造新知识、新物质或精神财富的能力与素质。[①]

---

① 纪巍：《高校创新人才培养与教师发展》，经济日报出版社 2022 年版，第 18 页。

科技人才通常展现出以下特征：一是具备扎实的知识技能与良好的发展潜力；二是拥有丰富的实践经验，积极参与各类科技相关活动；三是能够创造科技成果，为社会作出实质性贡献。[1] 在国内，研究大多从科技人才或创新人才的单一视角出发，而将科技创新人才作为一个综合性概念来定义的研究相对较少。学者普遍认为，评判一个人是否为科技创新人才，不应单纯依据其职称与学历，还应着重考查其是否积极参与科技研发活动，是否具备实现创新并将其转化为科技成果的能力。

科技创新人才应被界定为那些具备高度科技创新能力，长期致力科学发现、技术发明及创新活动，并能产出具有影响力的创新成果，为科技发展与社会进步作出显著贡献的科学技术主体。他们应具备创新能力、创新思维以及优良的创新品质，同时表现出高层次、高素质、强创造力及高度流动性的特征。

（二）人才引进

1. 人才引进的内涵剖析

基于人才集聚效应理论，人才引进在不同层面具有多样化的表现形式。在国际范畴内，人才引进特指对海外人才的吸纳；而在国内层面，则涵盖了跨越本行政区域界限的优秀人才引进。

影响人才引进的要素主要包括以下几个方面：第一，人才自身，即作为人才引进核心的主体，在经济因素与非经济因素的双重激励下，基于理性判断做出的流动决策；第二，与人才引进相关的各方主体，包括政府、企业、科研机构及人才中介组织，它们通过提供薪酬福利、发展机会、人才流动渠道及政策扶持等手段，直接或间接地推动人才的流动；第三，发展载体，如科研机构、科技园区、创业园及孵化器等；第四，政府制定的相关人才引进政策措施。

---

[1] 中国科协调研宣传部：《科技人才与创新生态发展报告》，中国科学技术出版社 2021 年版，第 180 页。

2. 人才引进的特征概述

人才引进体现了政府、人才使用主体（企业或科研机构）与人才自身之间的动态互动关系。政府负责人才政策的制定，并通过人才使用主体来实施这些政策。鉴于人才的高度流动性，人才引进应被视为一个持续性的过程，涵盖了引进行为本身以及后续的配套服务、激励机制与保留策略，以确保人才与岗位的精准匹配，并最大限度地发挥人才的潜能。

3. 人才引进的功能解析

人才引进是区域进行人才获取的重要途径之一，具有周期短、效益高、能够迅速优化本地人才结构并加速知识资本积累的独特优势。科技创新人才引进的功能主要体现在以下几个方面：第一，科技创新人才可以凭借其高级人力资本，将全球前沿的知识、技术与管理经验引入当地，为区域经济发展奠定坚实基础；第二，由科技创新人才带领的创新团队能够开辟新兴产业，并创造重大科技成就；第三，引进科技创新人才可以产生示范效应，能够优化本地人才结构，促进人才队伍的整体提升，进而吸引更多人才，开展更广泛的人才引进工作。[①]

（三）人力资本的本质特性、人才集聚效应与科技创新人才引进间的内在联系

人力资本具有强烈的依附性，其效能的发挥高度依赖其他类型的资本。人力与物质资本的集聚存在着相互依存、彼此促进的紧密关系。这种依存关系决定了人力资本唯有在不断流动的资本环境中，通过与其他资本的优化配置与组合，方能形成显著的集聚效应。该效应驱动人力资本向那些能够提供更为优越资源组合条件的地区或机构流动，旨在实现其价值向现实产出的最大化转化。

人力资本的形成与开发过程受时间的严格限制，这既体现在资本贡献的时间约束上，也反映在人的生命周期的局限性上。与物质资本有所不同的

[①] 吴坚：《人才发展的市场与政府互动》，上海三联书店2023年版，第138页。

是，人力资本作为一种智力型资本，具备主观能动性，拥有自我生成、自我提升、自我充实、自我实现以及自我发展的内在需求。这一特性使人力资本能够减少非效率性消耗，使其趋向于流向那些能够最大化发挥其作用的地区和机构，从而促进人力资本的自我再生与价值增值。

二、科技创新团队

（一）科技创新团队的本质解析

团队的概念最初起源于企业的生产活动，指的是由员工与管理层构成的协作共同体。这一共同体通过合理利用成员的知识与技能，使成员协同解决各类问题，以达成既定的共同目标。鉴于团队模式在实际操作中所取得的显著成效，该组织形式随后被广泛应用于其他领域。

美国管理学者斯蒂芬·罗宾斯（Stephen Robbins）将团队定义为由两人或两人以上的个体构成的集体，这些个体之间相互作用、相互依赖，并按照一定的规则组合起来，旨在实现特定的目标。而美国学者乔恩·卡曾巴赫（Jon Katzenbach）则认为，团队是由那些具备互补性技能且共同致力达成某一目标的个体组成的正式群体[1]。奥地利学者彼得·德鲁克（Peter Drucker）则将团队描述为一群具有互补才能、共同责任感以及统一目标和标准的个体集合。

科技创新团队则是创新理论与团队概念的深度融合与体现，它展示了创新理论在科学技术领域的广泛应用与渗透。科技创新团队是在现代生产技术不断发展的背景下，以共同的科技研发目标为导向，突破传统组织部门的界限，由杰出人才及若干科技工作者组成的团队。科技创新团队是通过分工合作与资源共享，在特定的学术领域内，针对某一创新研究方向开展基础与应用研究的密集型创新研究组织。这些团队通常具备所谓的"7C"结构性能力，即协作性（collaborative）、团结性（consolidated）、承诺性（committed）、

---

[1] 卡曾巴赫、史密斯：《团队的智慧：创建绩优组织》，侯玲译，经济科学出版社1999年版，第49页。

能力性（competent）、互补性（complementary）、自信性（confident），以及团队精神（camaraderie）。[1]

（二）科技创新团队的特性分析

科技创新团队具备稳定且明确的研究领域与方向，这些领域及方向通常是在学科领军人物与一批科研骨干历经多年努力的基础上形成的，并具有显著的优势。团队也可能围绕重大的科技发展趋势，结合自身的现有优势，不断拓展新的研究方向。尽管研究方向与目标可能会随着科技与社会的发展而做出适当的调整，但核心的研究方向应保持一定的稳定性，呈现出阶段性的持续发展态势。

科技创新团队的成员具有高度的相关性与互补性，团队的绩效在很大程度上依赖成员间的智力整合与知识共享。有效的智力整合能够激励团队成员相互作用，促进创造性的充分发挥；而充分的知识共享则能够确保团队成员及时交流显性知识与隐性知识，实现个人知识与集体智慧的深度融合。在此基础上，团队成员在知识、能力、活力以及思维方式、性格特征、工作风格与研究经验等方面能够实现优势互补。[2]

在组织结构上，科技创新团队倾向于采用扁平化的管理模式。扁平化组织结构以工作流程为核心，注重减少管理层级，并以目标管理为重要手段。其特点包括管理层级的精减，以使特定的下级职能可以直接被上级关注到，横向阶层较为广泛，这样上级管理能够覆盖较大范围的下级，从而显著提升管理效率。在学科带头人的引领下，团队以工作流程为核心，确保了信息的快速传递与高度准确性，有效避免了市场需求与科技创新活动之间的脱节。

科技创新团队可以营造和谐的学术氛围，团队内部强调学术自由、平等与开放，推崇学术民主，这为成员提供了良好的研究环境与学术氛围。团队

---

[1] 哈里斯：《构建创新团队：培养与整合高绩效创新团队的战略及方法》，陈兹勇译，经济管理出版社2005年版，第38页。

[2] 黄珏群：《我国经济高质量发展驱动力研究：基于科技创新视角》，吉林大学出版社2022年版，第219页。

成员之间建立了相互尊重、信任、理解与学习的关系，这能够激发每位成员的积极性与创造性，推动科技创新活动的持续深入进行。

科技创新团队还配备了完善的运作机制，其中通常包括有效的管理制度与激励机制，团队领导者则要展现出卓越的战略视野与协调能力，能够准确把握学科的发展方向，调动团队成员的积极性，协调内部合作关系，确保团队的和谐有序运作。在这样的团队中，团队成员能够从事自己感兴趣的工作，并在工作中充分展现个人才能，有效地将个人目标融入并提升为团队的整体目标。①

科技创新团队凭借其明确的目标与强大的组织协调能力，能有效完成复杂的科技研发任务，并在研究领域内持续产出创新成果，在重大科技成果的产出方面表现尤其卓越。科技创新团队在其研究领域内通常享有较高的知名度，并具备良好的社会声誉与广泛的影响力。

（三）科技创新团队的分类解析

科技创新团队根据结构与运作方式的不同，可被划分为若干类型。

领军人才型团队是高层次科技创新团队中一种常见的管理模式。此类团队由在各自学科或领域内享有高声誉的专家学者担任领导角色。团队的运作通常采取集中管理的方式，如实施课题负责制或项目负责制来推进科研活动。领军人才凭借其丰富的理论知识与实践经验，能够高效地识别并解决科研过程中遇到的问题。这类团队拥有明确的研究方向，并具备持续的研究积累，具有强大的综合研究能力。

项目管理型团队则是企业进行科技创新活动时常用的一种组织形式。其主要特点在于根据市场需求进行导向，针对特定的产品、技术或工艺项目进行研发工作。团队在企业的项目管理制度和研发平台的支撑下，进行分工协作与目标管理，组织相关人员针对研发项目展开攻关活动。

学科方向型团队多见于高等院校和科研机构，这类团队兼顾科研与教学双重任务。它们以学科建设为核心，旨在探索学科前沿问题，通过长期的

---

① 舒辉：《供应链管理思想史》，企业管理出版社2022年版，第290页。

教学与科研实践，在特定的学科方向上形成专业的学术梯队。这类团队可以产出高技术含量的研究成果，并培养了一批在学科方向上具有深厚造诣的教师。

根据科技创新团队的功能和所承担任务的不同，可进一步将其划分为问题解决型团队、项目开发型团队、项目保障型团队、学术研究型团队和人才培养型团队等。基于组织管理的不同形式，团队还可被分类为职能式团队、跨职能式团队、自我管理式团队和虚拟式团队等。①

（四）科技创新团队的组成要素

1. 团队任务

科技创新团队的首要构成要素是团队任务。这些任务主要包括承担和完成学术研究、技术开发、工程实施、产品设计、人才培养等。任务的完成也需要相应的物质保障，如科研经费、科研基础设施（包括科学仪器、数据、文献、实验场地等）。

2. 团队成员

团队成员是科技创新团队进行创新活动的基石。成员可分为团队领导者和普通科研人员、核心成员和非核心成员等。在成员选择过程中，应综合考虑每个成员的工作任务和角色，构建有序的团队架构，确保每位成员能充分发挥其专长。研究显示，组织异质性较高的团队能提升交流的丰富性，增强组织的灵活性和活力。

3. 团队领军人物

在科技创新中，领军人物的作用是关键的。领军人物通常是各学科领域的权威，掌握核心技术，并在科技创新方向的确定上起决定性作用。领军人物的精神风貌、人格魅力和事业心亦会对团队的发展产生深远的影响。

---

① 张静、戴乐乐、丁超宇、等：《经济新常态下的企业变革与可持续发展》，同济大学出版社 2023 年版，第 258 页。

4. 团队规模

关于团队规模，存在不同的观点。一些研究发现，在特定条件下，团队规模的扩大与团队绩效呈正相关关系，而一些研究建议团队数量可以多，但每个团队应保持小而精。还有研究指出团队规模对绩效有倒 U 形的影响，即过大或过小的规模都可能影响绩效。团队规模的确定不应仅限于具体的人数，而应根据行业、学科的特性及团队的发展特点进行具体分析。[1]

5. 团队目标

在科技创新团队的构建与发展中，确立明确且具体的团队目标是增强团队凝聚力的核心要素。这些目标映射着团队的长远发展愿景，也凝聚了团队成员的共同期望与追求。当团队设定了共享目标时，成员们能够清晰地认识到自身的努力方向，并被持续地激发创新活力与动力。科技创新团队应当分阶段地设定目标，并为每个阶段精心制订详尽的实施计划，以确保目标的顺利实现。

6. 团队制度

科技创新团队的科学化管理依托于一套完善的团队制度，无论是科研项目的规划与管理、经费与设备的合理使用，还是人员的选拔与培养，均需遵循科学的管理制度。这一制度对于激发成员的潜能、协助解决科研难题、增强成员对团队的认同感以及提升团队的整体效率与效能具有至关重要的作用。

7. 团队结构

团队结构是科技创新团队实现人员与任务有效匹配的关键所在，具有任务分配、资源配置、利益协调与责任落实的重要功能。在设置团队结构时，应充分兼顾成员的角色划分与团队运作的灵活性。扁平化的组织结构更为适宜，因为它能够减少管理层级，使决策过程更加贴近实际操作层面，同时更

---

[1] 周欢伟、黎惠生：《创新思维与创业管理》，北京理工大学出版社2023年版，第106页。

紧密地将科研活动与市场需求相结合，促进科研成果的有效转化。

8. 团队文化

团队文化是科技创新团队在长期发展过程中逐渐积淀而成的，体现了团队成员普遍遵循和信奉的共同价值观念与行为准则。团队文化的形成与发展主要依赖团队领导的引领与示范、成员对团队规章制度的深入理解与内化以及成员间的相互学习与交流。良好的团队文化能够传递积极向上的正能量，对团队成员产生显著的吸引与激励作用，推动团队不断向前发展。

在当今经济全球化和知识经济迅速发展的时代背景下，人才资源管理已成为驱动区域科技创新与高等教育进步的核心要素。区域内的高等学府需深入推进人才资源管理领域的改革与创新，以适应新时代科技进步与社会需求的变迁。高校在薪酬分配及职称评聘体系的改革中，需聚焦于激发高层次人才的科研热情。薪酬分配机制需依据科研成果、学术贡献及市场价值进行动态调整，以保障高层次人才的努力得到应有的回报。职称评聘体系应更加侧重于实际能力与科研成就，减少对传统评审标准的依赖，使职称评定流程更加科学、透明，从而激励更多杰出人才投身科研领域。

在人才引进层面，高校应持续优化高层次人才的成长与发展环境。具体措施包括简化人才引进流程，提供具有竞争力的薪资与科研启动资金，构建全面的后勤保障系统，确保高层次人才在科研与生活上无后顾之忧。在人才评价激励机制上应采取分类评价方式，根据不同学科、岗位的特点，制定差异化的评价标准，推动人才评价制度的市场化、社会化和科学化。

在利益分配方面，高校应以创新价值为指引，构建完善的人才荣誉奖励体系。这包括设立专项奖励基金，对在学术研究、科技创新与社会服务等方面取得显著成就的研究人员给予丰厚奖励，营造重视学术研究成果的良好氛围。荣誉奖励体系应覆盖不同层次与领域的科研成就，确保各类人才都能在其擅长的领域获得应有的认可与激励。

在人才流动方面，高校应积极鼓励高层次创新人才"走出去"，并加速完善高校与企业、科研机构间的人才自由流动机制。高校需打破行政壁垒与体制机制对人才流动的制约，建立更为灵活、开放的人才交流体系。设立联合研究项目、人才交流计划及短期访学项目，可以促进高校与企业、科研机构间的合作与交流。这能为高校研究人员提供更多实践机会与资源支持，能增强高校与产业界的联系，推动科研成果的转化与应用。高校应构建完善的人才激励机制，鼓励研究人员在企业与科研机构中积累经验，提升综合素质与创新能力，从而更好地服务于区域科技创新与经济发展。

在科技成果转化方面，高校应着重完善研究人员的激励机制，尤其应褒奖那些在科技成果转化过程中表现突出的个体。具体措施包括对拥有较多横向课题并与企业紧密合作的研究人员给予优先晋升，给其提供更多的科研资源与支持，鼓励其在科技成果产业化中发挥核心作用。高校应建立全面的科技成果转化平台，为他们提供政策、资金与技术服务，助力研究人员将科研成果转化为实际应用。

高校在人才培养领域亦需进行创新与改革。高校应着重培养具备跨学科知识与综合素质的复合型人才，通过多样化的课程设置与实践教学，提升学生的创新思维与实践能力。高校应加强与企业、科研机构的合作，开展产学研合作项目，为学生提供更多实习与科研机会，增强其实际操作能力与就业竞争力。通过这些措施，高校不仅能培养出更多符合市场需求的高素质人才，还能为区域科技创新与经济发展提供坚实的人才基础。

在制度保障方面，高校应构建完善的政策体系，以支持与促进人才资源管理的改革与创新。具体措施包括制定并优化人才管理的相关政策文件，明确人才引进、培养、评价、激励与流动的具体机制与标准，确保各项政策措施得到有效实施。高校还应加强对人才管理工作的监督与评估，及时发现并解决存在的问题，提高人才管理的整体效能。

在文化建设方面，高校应营造尊重知识、崇尚创新的良好学术氛围。具体措施包括举办学术讲座、研讨会与创新大赛，鼓励师生积极参与科研活动与学术交流，提升全校师生的学术素养与创新意识。高校应注重弘扬科学精神与团队合作精神，促进不同学科、领域间的交流与合作，营造相互支持、共同进步的科研环境。

在国际化方面，高校应加强与国际知名高校及科研机构的合作与交流，吸引更多国际高层次人才加入。具体措施包括设立国际联合研究中心、开展国际合作项目、引进海外高层次人才等，通过多元化的国际合作形式，提升科研水平与国际竞争力。高校应为国际人才提供良好的生活与工作环境，确保其能顺利融入高校的科研与教学活动中。

在评估与反馈机制方面，高校应构建科学、合理的人才管理评估体系，对人才资源管理的各项措施与政策进行定期评估与反馈。可通过问卷调查、访谈及数据分析等方式，收集师生对人才管理政策的意见与建议，及时调整与优化相关措施。高校应建立透明的评估机制，确保评估结果的公正性与客观性，增强师生对人才管理工作的信任与支持。借助评估与反馈机制，高校能不断改进人才资源管理方法，提升管理工作的科学性与有效性。

区域内各高校在人才资源管理领域的改革与创新，是推动科技创新与高等教育发展的关键动力。通过薪酬分配、职称评聘、人才引进、评价激励、利益分配、人才流动、科技成果转化、人才培养、制度保障、文化建设、国际化建设，以及评估反馈等方面的全面改革，高校能够有效激发高层次人才的科研热情，优化人才资源配置，提升科研水平与创新能力。各区域与各高校应高度重视人才资源管理的改革与创新，协调各方力量，推动各项措施的落实与深化，为实现区域科技创新与经济社会发展的目标提供坚实的人才支撑与保障。凭借系统性的改革与创新，高校能吸引并留住更多优秀人才，还能为区域乃至国家的科技进步与经济繁荣作出更大贡献。

第四节 资金投入和技术支持

一、资金投入多元化与持续扩张

资金投入多元化为科技创新提供了持续扩张的经济基石。政府部门通过设立专项基金、实施补贴政策，为前沿科研和基础性研究提供长期稳定的保障。金融机构可以利用风险投资和信贷创新，为初创企业和高成长性研发团队输送关键性的资本支持。社会资本可基于对科技前景与市场需求的判断，选择与高校、科研院所开展合作，提高创业孵化和技术转化的深度。国际组织与跨国企业可以凭借自己的全球资源整合能力，为本土科研机构的项目引进更广阔视野下的资金。各类捐赠人和慈善基金则应积极支持学科交叉和科研攻坚，为不确定性较高却极具突破潜力的项目提供探索空间。高校可以通过校企联合实验室和产教融合平台，加强自身科研投入，从而加速科研成果的转移与应用。科研院所可以依托学科领先优势与社会合作网络，谋求多方筹资路径，尽早实现关键技术的原始创新。企业可以在市场驱动下，通过搭建众筹平台与外部募集渠道，精准捕捉消费需求，并将金融资源引流到需求迫切的研发领域。行业协会则可以凭借丰富的信息网络和资源共享机制，聚合不同规模的资金力量，为特定领域的重点课题提供有针对性的财务支撑。

科研项目在多元资金的持续浸润中可以逐步打开规模扩张的新空间，一旦实现从初始概念到成果落地的关键跨越，就能形成良性循环，进一步增强资本对科研项目的信心，吸引更多社会资本参与。随着资金来源的多重扩张与动态调配，科技创新过程中的资源配置效率可以得到显著提升，相关研究风险也能因资金结构的多样性而被有效分散。科技创新在多元化的资金投入格局下获得内生动力，科研工作者得以在稳定和灵活兼备的环境中开展更高质量、更大规模的探索，为产业升级和经济结构转型打下坚实基础。

二、技术研发平台建设与创新保障

技术研发平台为科技创新提供了全方位的实施保障。高校依托学科交叉优势，组建综合性实验室，开拓融合不同研究领域的科研环境，为复杂课题的攻关创造可能。研究院所应结合自身长期积累的技术储备，与企业或政府部门合作，共同建设以应用转化为导向的试验基地，使原创成果从实验室阶段顺利迈向产业化阶段。大型企业以市场需求为引导，通过内部孵化中心与开放式研发平台，将产品迭代和技术升级紧密结合，为中小企业与初创团队提供协同创新的土壤。政府部门通过集聚式规划，为高新技术产业园和专业园区提供土地、税收优惠与配套基础设施，打造技术研发要素高效流动的生态系统。非营利机构通过筹集社会资源，在关键技术领域搭建公益性共享平台，降低研发壁垒并推动核心技术向更广层面的应用扩散。国际合作机制基于战略与政策互补，搭建跨境联合实验室或技术联盟，让技术研发成果在世界范围内实现共创与共享。高校教师和企业工程师经常在技术研发平台上进行深度互动，快速整合前沿理论与产业实践，兼顾研究视角与应用经验。信息技术在其中发挥着关键作用，云计算与大数据为分布式科研提供了实时协作的可能，人工智能算法和高性能硬件则为复杂场景的技术攻关赋能。凭借平台化的研发模式，科技创新不再局限于单一实验室或部门，跨领域、跨组织的沟通与合作形成了更加快速的知识流通，为技术迭代和创新扩散营造了积极的氛围，也为未来进行更多具有商业价值与社会效益的研究奠定了坚实基础。

三、研究资源整合与协同支持体系

研究资源整合为科技创新提供了整体协同的支持体系。高校通过共建文献数据库与先进仪器共享机制，将高成本、专业性强的设备设施开放给更多研究团队，扩大了创新主体使用范围。科研院所通过构建数据交换平台，对分散在不同学科领域的实验数据进行标准化处理与存储，为交叉研究奠定了高质量的基础数据资源。企业在与上下游伙伴的合作中，积累了丰富的用户需求与应用场景数据，通过跨行业的资源共享，让技术创新与消费趋势形成正向反馈。政府部门借助公共服务平台，整合区域创新主体的研发需求与成果信息，为中小研发团队提供了专业匹配与资源对接服务。社会组织和公益机构把握行业痛点，把各方资源导流到了需要深度协作的领域，并通过开展公益试验或培训计划提升了研发团队的综合能力。知识产权服务机构可以在专利布局、成果转化与法律保护方面为研究者提供多维度的支撑，确保前沿技术可以在后续应用中最大程度地释放价值。国际合作网络通过多语言资源库与跨境交流框架，为全球科研人员构建了高效便捷的知识获取和传播通道。研究人员在紧密联系的资源整合环境中，利用开放创新和协同攻关的思维方式，把来自不同地区与背景的知识与思路加以融合，让科研工作迈入了更高效、更包容的阶段。产业界和学术界在这个体系下找到了多赢的合作切入点，通过技术联盟或联合攻关的形式互惠互利，形成了跨界融合的创新生态。随着研究资源的不断整合与协同体系的持续完善，科技创新在更广阔的空间里迸发了活力，为社会与经济的可持续发展注入了源源不断的新动能。

当前，在部分区域内，企业自身依然扮演着科技研发资金主要供给者的角色。受企业规模及诸多客观条件的制约，资金短缺已成为制约区域科技企业科技研发活动的展开及科技成果转化的重大障碍。为切实解决科技企业资金匮乏的问题，必须采取多元化的综合举措。政府需积极引导金融机构投资于企业的科技成果转化，以此缓解企业在该过程中的资金重负。通过政策导向与激励机制的构建，金融机构能够更为精准地扶持科技企业的创新活动，加速科技成果的市场化进程。政府应确保对科技领域的财政投入既稳定又持续。这既包括对科技研发直接资金支持的增加，也包括对科技资金使用情况的监督与审核，这样才能保障资金的高效运用。通过革新财政资金的扶持模式，政府可以优化资金配置结构，提升资金使用的透明度与效率。落实针对科技企业的税收减免政策，进一步降低其财务成本，为科技创新提供更为有力的支持。

拓宽科技成果产业化的融资渠道是解决资金短缺问题的关键途径。政府应推动构建多元化的融资体系，鼓励商业银行与民间资本涉足高新技术产业投资，通过完善高新技术产业的债券发行体系，丰富融资工具，让科技企业获取更多融资选项，以满足其不同成长阶段的资金需求。政府还应强化对高新技术产权交易平台的监管，规范产权交易行为，维护科技成果的合法权益，促进产权交易市场的健康发展。

在完善区域性科技资本市场方面，政府应采取系列措施使其更加成熟与健全。一方面，政府可以建立并完善面向高新技术企业的专属融资平台，为其提供便捷的融资服务，降低其融资成本。另一方面，政府可以通过政策扶持与市场引导，提升科技资本市场的整体活跃度，吸引更多投资者投身科技领域的投资活动。政府还应推动科技资本市场的信息公开化，确保投资者能够获取全面且准确的企业信息，增强企业的市场信任感与投资信心。

在投资机制层面，应吸引多元化的投资主体，并构建稳定的科技创新风险投资机制。政府在风险补贴上，应设立科学的科技风险专项引导资金，激励各类资金主体积极参与科技创新投资。可设立政府引导基金，吸纳银行、个人、企业、地方政府及外资等多元化投资主体共同分担科技创新的风险。这样既能分散投资风险，又能提升整体投资的积极性与效率，推动科技企业的持续发展与创新。

解决区域科技企业资金短缺问题，政府需在政策引领、财政投入、融资渠道拓宽及投资机制创新等方面进行系统性的改革与优化。通过引导金融机构投资科技成果转化、稳定增加对科技的财政投入、拓宽融资渠道、完善科技资本市场并建立多元化的投资主体和风险补贴机制，政府可有效缓解科技企业的资金困难，促进科技研发与成果转化的顺利进行。

政府在引导金融机构方面，可制定专项政策，激励银行、投资基金等金融机构设立针对科技成果转化的专项投资基金。这些基金应具备灵活的投资机制与合理的收益预期，以适应科技企业在不同发展阶段的资金需求。政府可通过财政补贴或税收优惠，降低金融机构的投资风险，激励其加大对科技企业的支持力度。

在增加财政投入方面，政府应制定长期稳定的科技投入规划，确保科技研发资金的连续性与稳定性，通过建立科技投入的专项预算机制，并强化对资金使用的绩效评估与监督，确保资金效益的最大化。

在拓宽融资渠道方面，除完善债券发行制度外，政府还可鼓励科技企业利用股权融资、风险投资等多种融资方式，减少对传统银行贷款的依赖。政府应加强对科技产权交易市场的建设，完善产权评估与交易机制，提升科技产权的流动性与市场价值，为科技企业提供更多融资途径。

在完善科技资本市场的过程中，政府可借鉴国际先进经验，推动科技资本市场的国际化与多元化发展。引入国际资本，能有效提升市场的流动性与竞争力，同时政府应加强市场监管，防范金融风险，确保科技资本市场的健康稳定发展。

在投资机制的创新方面，政府应推动科技风险投资的专业化与市场化发展。通过引导社会资本进入科技创新领域，形成多层次、多元化的投资格局。政府可建立科技创新保险机制，为投资者提供风险保障，增强其投资科技企业的信心与积极性。

解决区域科技企业资金短缺问题，需从政策引领、财政支持、融资渠道拓宽及投资机制创新等多个维度入手，形成系统性的解决方案，通过政府的积极推动与多方参与，有效缓解科技企业的资金难题，促进科技创新与经济发展的协同共进，实现区域科技实力的全面提升与可持续发展。

第四章 科技成果转化的战略实施

第一节 战略定位与目标设定

一、科技成果转化的概念界定

(一) 科技成果的概念

科技成果在知识经济时代扮演着推动社会发展与技术创新的关键角色。研究者通常将科技成果视为源于科学研究或技术研发活动并具备实际应用价值的知识或技术载体。政府部门在认定科技成果时往往依据其新颖性、先进性及可行性等标准,并通过专利、版权和技术秘密等形式加以保护。高校与科研院所产生的基础研究成果通常以学术报告或实验数据的形式呈现,而企业与科研机构的应用研究成果往往表现为可在市场环境中推广的技术原型或产品样机。投资机构与社会公众也在不同程度上关注科技成果的经济价值和社会意义,对其潜在的产业化可行性和创新含量保持持续的兴趣。学术界普遍认可科技成果在知识产权与实际应用两方面的重要意义,知识产权的有效布局可以帮助成果所有者建立竞争壁垒,实际应用的实现则能够为社会带来更大范围的经济与社会效益。管理者在讨论科技成果时也强调持续研发投入和技术储备的重要性,只有具备长期的科研积累并与市场需求相衔接,科技成果才有机会展现出广泛的影响力。

学者在分析科技成果的特点时提出了其学理性和实用性相结合的属性,科研活动通常从科学原理与技术路径两个维度进行突破,成果的形成需要多学科的交叉与合作。研发团队在解决研究问题的同时,需要考虑其潜在应用场景和技术扩展性。高校与科研机构在产出原创性科技成果方面具备独特优势，企业则通过市场化需求与竞争压力的引导进一步完善和升级这些成果。此外，科技成果还具备一定的时效性，若无法在合适的时间窗口内实现转化和应用，成果可能在技术迭代和需求变化的浪潮中被边缘化。国际合作与跨区域协同也成为科技成果形成的重要途径，多国科研人员或跨区域研发中心通过资源共享与分工协作能够显著加速成果的成熟。科技成果的多元化与复杂性导致其既是一项单一技术或产品，也是一个能够触动产业链变革的新系统或新模式。研究者认为，只有对科技成果的内涵与外延进行清晰的界定，后续的转化工作才能找到合适的切入点，科技成果所蕴含的创新能量才能得到更充分的释放。

（二）科技成果转化的概念

科技成果转化在宏观经济与科技政策领域被视为推动创新、驱动发展的重要引擎。研究机构与政府管理部门一致认为，科技成果转化指的是将科研成果或技术突破应用到实际生产与社会生活中，从而实现经济效益与社会效益的过程。企业在竞争环境中依托科技成果转化来升级产品和服务，高校与科研院所则通过技术转让与合作研发等形式推动研究成果向产业扩散。投资者在评估一个科技项目时也高度关注成果转化的可行性与可持续性，通过对团队背景、知识产权状态及市场需求等多维度的审查来判断转化项目的风险与回报。法律与政策在科技成果转化中起到至关重要的保障作用，专利制度、技术合同认定与科学基金资助等方式共同构建了支持转化的制度环境。成果持有方在转化过程中需要选择恰当的商业模式，如授权许可、技术入股或自主创业等，这些模式既影响技术扩散的速度与广度，也影响最终的收益分配与产业链布局。科技成果转化在一定程度上能够打破知识与市场的隔阂，为学术界与产业界搭建合作桥梁，政府部门在此过程中也扮演政策推动与资源聚集的双重角色。

研究者在具体分析科技成果转化时强调其系统性和复杂性，科研成果从实验室走向生产线往往需要经历技术验证、市场调研、生产适配与商业运作等多个阶段。高校研究团队虽然具备较强的理论创新能力，但在市场推广和规模化生产方面可能面临资源不足与管理能力不足等障碍。企业若想快速获取新技术的竞争优势，就需要与高校和科研院所建立高效的产学研合作渠道，并通过技术转让、联合开发或共同成立实验室等方式将研究成果落地。金融机构在成果转化过程中也提供了关键的资金支持，天使投资、风险投资及股权融资为有潜力的技术成果打开了产业化的大门。成果转化过程中的失败风险同样不可忽视，技术不成熟、需求匹配不足或市场进入壁垒过高都可能导致转化停滞。管理学者指出，科技成果转化还离不开专业服务机构的支撑，包括科技成果评估、技术经纪和知识产权代理等，专业化分工能够提高转化效率并降低沟通成本。科研人员在面对复杂的转化环境时，需要具备一定的产业思维与市场意识，只有将研究方案与现实应用诉求相衔接，科技成果转化才能在资源和需求的双向推动下逐渐成功。

二、科技成果转化的战略定位

科技成果转化的战略定位在宏观层面与国家创新体系和产业政策密切相关，政府部门通过规划引领和资金支持来提升企业与科研机构的转化意愿与能力。研究者认为，科技成果转化对于经济发展方式转变、产业结构升级以及国际竞争力提升都具有重要意义，国家若能在产业政策和科技政策层面强化对关键领域的布局，就能为转化活动提供更高层次的支持。企业在全球化竞争中需要通过技术创新来保持或扩大市场份额，科技成果转化因此被视为实现技术领先与差异化竞争的重要途径。科研机构与高校在战略层面将成果转化视为实现社会价值与拓展科研影响力的核心任务，通过搭建技术转移中心、产业研究院等机构平台来对接企业需求。科技成果转化的战略定位还体现在区域经济发展与产业集群建设上，地方政府通常希望借助科技成果转化来打造具有特色优势的产业链，吸引高端人才与优质企业落户，形成可持续发展的创新生态。学术界指出，科技成果转化的战略定位需要与产业发展规划和企业核心竞争力相结合，只有当转化目标与整体发展方向保持一致，才能实现资源配置协同的优化。

学者在探讨战略定位时也强调了科技成果转化的层次划分，不同类型的成果转化对企业或地区的发展影响各有侧重。基础研究成果转化往往对产业颠覆性创新起到关键推动作用，成功落地的重大科学突破能够带来长期的竞争优势与经济回报。应用研究或技术开发型成果转化更注重市场化程度与快速迭代，企业若能在短时间内应用这类成果，就能在激烈的市场竞争中实现产品升级或商业模式创新。管理者在进行战略定位时也要考虑科技成果转化的行业特性，高新技术行业与传统制造业在转化周期、资金需求与市场风险方面均存在显著差异。地方政府在制定区域科技战略时会根据当地的资源禀赋与现有产业基础来选择重点支持的技术领域与转化项目。科研机构也需要平衡基础与应用研究的比重，一方面保持学术前沿的探索热度，另一方面加强与企业的密切对接，从而实现成果快速落地。科技成果转化的战略定位是一项系统工程，需要综合多方面因素并进行持续动态调整，以适应经济环境与技术趋势的变化。

三、科技成果转化的目标设定

科技成果转化的目标设定在很大程度上影响后续资源调配以及成果评估的方式，企业与科研机构在明确转化目标后才能有效规划行动路径。政府部门在扶持科技成果转化时也会设立特定目标，促进就业、提升区域创新力或形成关键技术领域的产业链，这些目标为政策制定与资金导向提供了具体参照。企业在制定转化目标时往往会以市场占有率、产品收入或技术领先性等指标为衡量标准，并通过细分目标来指导研发与运营团队的工作。科研机构与高校在设定转化目标时则更多关注社会影响力、学科建设和学术声誉，通过积极参与重大课题或与企业共建研究中心来拓展成果的影响范围。科技成果转化的目标还包括对知识产权的有效管理与合理收益分配，在这一过程中需要兼顾科研人员、科研机构与投资方的利益诉求。管理学者指出，目标设定需要结合项目特点、市场环境和团队能力，过于追求短期利益或盲目设定过高目标都会对转化进程造成不利影响。

研究者在设定目标时可采用阶段性目标与长期目标相结合的思路，阶段性目标可以帮助企业或科研团队聚焦近期关键成果，如完成技术原型或通过中试验证，长期目标可引导组织在更广阔的产业布局和社会价值上谋求突破。许多企业会在成果转化初期设立"小步快跑"的目标，用较小的试点验证市场可行性后再逐步扩大规模；一些科研机构则倾向于先集中突破重点课题并发表高水平论文，随后与企业合作，进一步深化技术应用。目标设定还需要考量风险因素，成果转化常常面临技术不确定性、市场波动或政策变动等潜在挑战，组织若能在目标中预留容错空间并制订相应的应急预案，就能更好地应对外部环境的变化。管理者在强调目标设定的重要性时可提及团队激励与考核机制的关联，合理的目标能够引导科研人员与企业员工在创新活动中保持动力和方向感，促进产学研合作各主体形成协同效应。研究者还发现，透明和可衡量的目标更易于在不同利益相关方之间达成共识，也更有助于信息的共享与沟通的高效。

四、科技成果转化的战略定位与目标设定的关联性

科技成果转化的战略定位与目标设定存在着密切的互动关系，战略定位为目标设定提供了宏观方向与资源配置依据，目标设定则为战略定位的落地实施提供了具体抓手。政府部门在宏观层面制定支持科技成果转化战略时，往往会同步提出阶段性发展目标，如在若干年内实现多少项目的落地，或在关键技术领域达到国际领先水平，这些目标能够使各级科研机构与企业在行动上形成统一的认识与规划。企业在制定自身的成果转化策略时需要先明确其在行业竞争中的定位，要成为技术引领者还是快速跟随者，不同定位将导致不同的转化路径与目标诉求。科研机构也需要思考这一点，科研机构若定位于基础研究引擎，就需要以突破关键理论与核心原理为主要目标；若定位于应用型研发平台，就需要在转化目标中着重强调与企业联合开发和成果产业化的进度安排。

学术界在研究两者关联性时发现，当战略定位与目标设定不匹配或存在冲突时，科技成果转化将面临资源浪费或进程延误的风险。企业若在战略定位层面确立了高投入、高风险、高回报的前沿技术追求，却在目标设定中过度强调短期财务收益和快速回本，就容易陷入项目半途而废或人才流失的

尴尬境地。科研机构若在战略层面强调学科交叉与国际合作，却在目标设定中只关注传统的论文发表指标，也会影响科研团队对跨领域成果转化的探索热情。政府部门如果仅重视在政策文件中确立宏大愿景，却缺乏具备可操作性的落地目标，就无法有效调动社会资本和产业力量的参与积极性。研究者建议从两方面着手来加强战略定位与目标设定的协同：一方面需要在制定战略定位时充分听取产业、科研与投资等多方意见，确保定位的科学性与可行性；另一方面需要在具体转化目标的设定中与宏观战略保持对接，避免单纯追求项目数量或短期效益而忽略长线布局与人才培养。只有在观念与行动上实现上下贯通，才能形成有效的闭环管理模式，持续推动科技成果转化的规模化与高质量发展。

管理者在实际操作中应不断探索如何将战略定位与目标设定协同落地。许多大型企业会在内部建立专门的技术战略委员会或创新委员会，由高层领导、技术专家与业务部门共同评估转化项目的战略价值与目标达成度。学术研究机构可通过成立成果转化中心或与社会资本设立创新基金等方式，既确保研究方向符合产业发展的中长期战略，又为具体转化项目设置科学而分阶段的目标，并提供必要的资源支持。地方政府在推进区域科技成果转化时会针对本地支柱产业与重点领域进行定向招商，并采取一系列人才、金融与政策扶持措施，让企业与科研机构在清晰的战略定位下达成可操作的转化目标。跨区域合作和国际合作同样需要在战略定位层面明确合作机制和联合研发主题，以便在目标设立层面对各国或各地区的资源投入与成果分配进行合理规划。在全球化竞争与科技革命的背景下，科技成果转化的战略定位与目标设定的深度耦合对提升国家与地区的创新能力至关重要。

第二节 组织协同与双链融合机制构建

一、组织协同的重要性

组织协同既是部门和岗位之间的横向资源整合，又是管理理念、制度体系与价值观念的深度交融。领导者可以通过组织协同将分散的要素与能力有效串联，并在此过程中避免资源浪费与重复劳动。企业高层在规划战略时需要认识到协同的重要性，只有通过跨部门、跨层级的联动才能确保各项决策与行动方向一致。管理者在具体执行中往往面临权责边界模糊、信息壁垒和利益冲突等现实挑战，只有在协同机制下才能以合规与效率兼顾的方式加以化解。科研机构和企业在产学研合作中同样需要组织协同，高校和研究所可以为企业提供知识与技术支持，企业则通过市场化经验与应用场景为科研成果落地奠定基础。政府部门在推动区域经济转型与高质量发展时需要跨部门的组织协同，通过统筹规划和政策聚合打造创新生态。社会资本在协同网络中扮演着资金驱动的角色，为新技术开发与产业升级输送核心资源。研究者指出，组织协同能够推动组织文化的融合，多元主体在共同承担风险和分享成果的过程中会默契十足。管理者若能在协同理念下设计合理的激励与绩效考核制度，就能将个体目标与组织整体目标相匹配，从而减少内耗并提升创新潜能。企业在外部竞争中也更容易借由协同优势提高综合实力，形成强大的价值网络与生态体系。

学术界在大量实证研究中验证了组织协同对研发绩效、市场响应速度和客户满意度的积极影响。产业实践不断印证协同的重要性，许多跨国公司通过内部整合与全球合作在激烈的国际竞争中保持领先地位。社会公众对组织协同的意义同样有所感知，大型公共项目和社会民生工程往往需要社会公众密切配合才能取得显著成效。研究者因此倡导进一步加强对组织协同的理论研究与实践探索，为数字经济和新兴产业的崛起提供更有力的支撑。只有当组织内部及组织之间真正实现高效协同，各方资源与智慧才能汇聚成合力，为双链融合和产业创新注入源源不断的动力。

二、组织协同的构建路径

组织协同的构建路径需要从制度设计、文化塑造和资源配置等方面进行综合考量。管理者若能在制度层面确立清晰的权责边界和灵活的沟通流程，就能为跨部门协作奠定基础。领导团队若在目标制定时充分结合各部门的专业优势与现实需求，就能在执行环节避免冲突与推诿。信息共享在组织协同构建中具有先决地位，企业若想实现快速反应和资源互补，就需要在内部建立统一的数据平台与信息交换机制，让各职能模块能实时掌握项目进展和外部动向。管理者在人员配置时需要注重跨领域与多学科背景的融合，通过项目制或矩阵式管理来打造兼具专业深度与协作意识的团队。企业文化的塑造同样至关重要，领导者若能在精神层面倡导责任共担、开放包容与持续学习，就能让员工自发地寻找协同契机并积极探索不同岗位之间的联动模式。

学术界在实证研究中发现，被赋予自主决策空间和多元发展通道的员工更容易在协同环境中贡献创意与能量。管理者需要将协同理念体现在绩效考核和激励措施上，通过团队绩效、跨部门项目成果等指标来引导员工关注整体效益。企业在外部合作中可以借助战略联盟或联合实验室等形式来强化组织间的协同，特别是在复杂研发项目或市场开拓过程中。政府部门若能通过产业政策和科技项目扶持来推动高校、科研院所与企业组建高效的协同联盟，就能提升成果转化速度与增强创新生态活力。数字化工具与平台化协作也为组织协同提供了新的机会，大数据、云计算和在线协同系统能够显著降低沟通成本并提高决策质量。组织协同的构建需要多方共识与持续演进，通过制度创新与文化共建推进协同体系不断完善，从而为双链融合奠定坚实的组织基础。

三、双链融合机制的构建

双链融合机制在学术界与实务界都引起了广泛关注，它们将双链视为创新链与产业链协同发展的交互过程。管理者在构建这一机制时往往以组织协同为先导，通过跨领域、跨层级的体系化安排，让创新链与产业链的主体共同参与价值创造。企业在实践中会将科研机构、高校、供应商和客户等纳入合作网络，并通过签订技术开发合同、共享测试平台或共建产业联盟来加速知识溢出与资源流动。双链融合需要多元主体针对技术路线、市场策略和商业模式进行密切的沟通和协商，让供给与需求在初始阶段就实现对接，避免科研成果与市场诉求脱节。政府部门在这一过程中扮演了政策设计与公共服务提供者的角色，通过财政补贴、税收优惠和科技项目管理，帮助科研团队与企业降低风险并提高合作意愿。金融机构也借由双链融合的契机为关键技术和成长型项目提供多样化的融资渠道，风险投资、股权众筹等方式都能有效促进技术从实验室走向产业应用。企业在双链融合机制中还可以围绕核心技术搭建生态平台，让上下游伙伴共享研发成果并共同扩大市场规模。管理者若能通过数字化手段实时监测市场反馈与用户需求，就能协同科研团队迅速进行方案迭代与功能优化。

学术界在定量与定性研究中验证了双链融合对产业升级与绩效提升的推动作用，尤其在高端制造、信息技术和生物医药等领域。社会各界普遍期待这一机制在更广范围内落地实施，以应对产业转型和国际竞争带来的挑战。研究者指出，构建双链融合机制需要强调长期投入与制度完善，需要组织制定灵活的合作协议和知识产权保护策略，并在价值分配上兼顾各方利益。企业与科研机构只有在协同信任和共赢理念的指引下才能获取双链融合的最大红利，从而推动科技创新与产业发展良性循环，为经济社会的高质量发展注入持续动力。

第三节 科技成果转化路径与模式分析

一、科技成果转化的核心难题

科技成果的转化历程涵盖从原始技术研发至技术产品开发，进而至工程化、商业化应用及产业化活动等一连串环节，每一环节均蕴含着一定的不确定性，这就要求政府、高校、科研院所、企业及中介组织等众多利益相关方展开有效的协同与合作，共同推动科技成果向国民经济核心领域转移与转化。长期以来，社会各界对科技成果转化的重视程度颇高，但对转化过程中所面临的挑战与困难存在着显著的认知差异。科技成果转化的核心难题主要体现在以下三个方面：科学研究与实际生产需求脱节，政策配套体系尚待健全，构建机构的协作机制时面临挑战。

二、科技成果转化路径

科技成果转化是一个从初步创意原型至商业化产品全面实现的综合性过程，其贯穿研究、开发、试验直至销售的整个生命周期，形成了一个紧密相连的转化链条。从系统论的角度出发，科技成果转化体系可以被分解为科学、技术、生产和市场这四个相互作用的子系统，其具体的转化流程如图4-1所示。

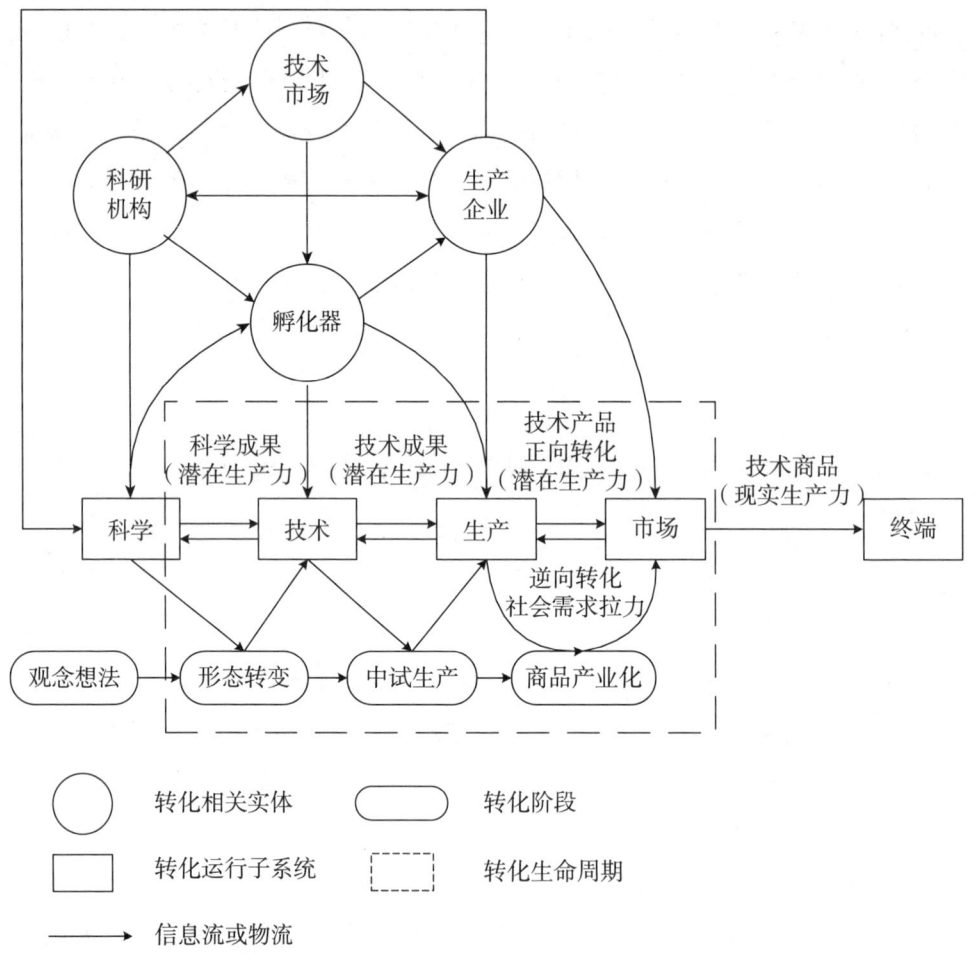

图 4-1 科技成果转化体系流程

在科技成果转化体系中，科学、技术、生产和市场这四个子系统在科技发展的驱动力与社会实际需求的共同作用下，共同完成了将代表潜在生产力的科学与技术成果转化为代表现实生产力的技术商品的全过程。在整个科技成果转化过程中，涉及了多种实体，其中包括作为科学成果主要持有者的科研机构、承担技术成果具体应用任务的生产企业，以及作为成果转化桥梁的技术市场与孵化器等机构。其中，生产企业作为实施科技成果转化的核心实体，部分企业由于在自主创新方面能力不足，因此依赖与科研机构的合作来获取所需的科技成果。

从科技成果转化的生命周期来看，即从初始的创意想法到形态转变、中试生产再到商品产业化的全过程，科研机构作为科学成果的源头，在创意想法至中试生产的阶段中，主要负责进行基础研究和技术开发工作，为科技成果转化提供必要的人才资源、信息交流和物质支持；生产企业则在中试生产至商品产业化的阶段中发挥主导作用，将技术成果转化为实际的产品，并进行规模化生产，同时推动产品进入市场，取得经济效益；作为成果转化中介的技术市场和孵化器，在科技成果转化的具体技术转让环节中扮演着至关重要的角色，它们通过与科学成果持有方及科技成果应用方进行紧密合作，在形态转变和中试生产阶段融入整个科技成果转化系统，为其他实体提供技术转让的对接服务、信息交流反馈以及科技服务的支持平台或场所，从而加速优质的科学成果和技术成果向中试生产阶段转化。

科技成果转化主要经历了从科学到技术的转化、技术的试生产和规模化生产这三个阶段。第一个阶段是科学的技术化过程，即科学成果能够顺利进入实验室并成功转化为技术形态，这标志着该成果具有潜在的实用价值，预示着转化的初步成功。第二个阶段是将技术成果转化为实际的产品形态，这是实现商业化和规模生产的关键环节。第三个阶段是商品化和产业化过程，当实体产品成功生产后，需要进一步进入规模生产阶段，此时创新的不确定性已显著降低，因此许多风险投资机构倾向于在此阶段加入。产业化生产的成功实现，标志着科技成果转化的圆满完成。

三、大数据环境下科技成果转化平台的结构

科技成果转化平台以科技创新、成果转化为最终目的，集成了业务流程转化所需的数据。在这一平台中，科技创新主体可以自由进行交流，并且科技创新主体可根据自身对科技创新的具体要求或是成果转化的需求，寻找合作伙伴，这在很大程度上能提升科技成果创新实效及科技成果转化效率。该平台可以实现科技创新成果转化的交易。科技成果转化平台的结构如图4-2所示。

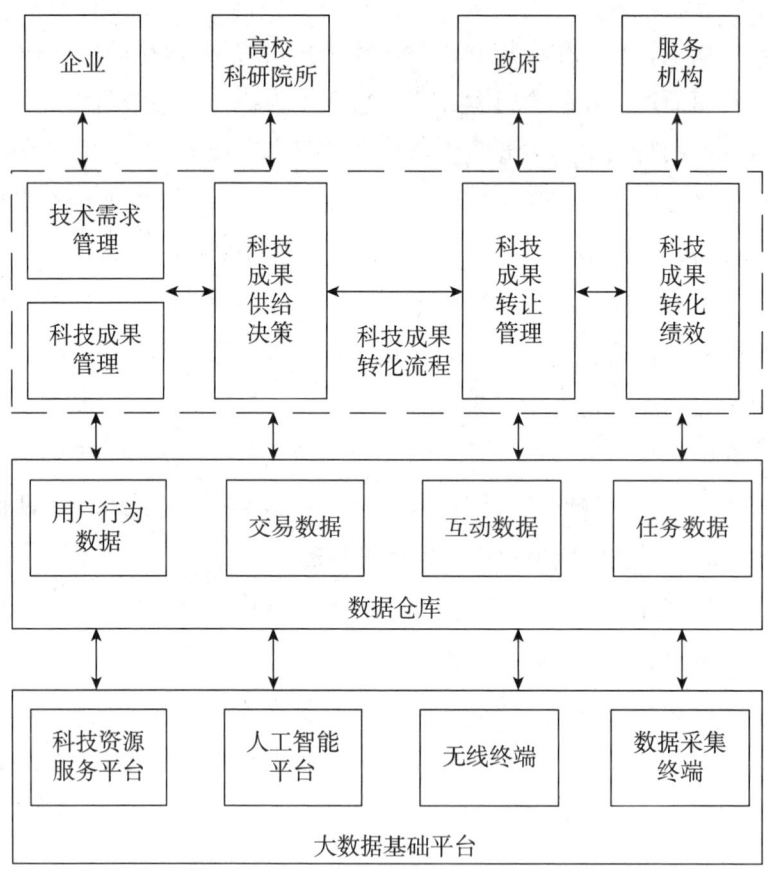

图 4-2　科技成果转化平台的结构示意图

四、科技成果转化模式

根据技术成熟度等级对科技成果转化的影响，可将科技成果分为四个层次：技术成熟度完备、高技术成熟度、中技术成熟度、低技术成熟度。[①] 不同技术成熟度所对应的科技成果特点及对科技成果转化的影响如表4-1所示。

表4-1　不同技术成熟度的科技成果特点及对科技成果转化的影响

技术成熟度等级	科技成果特点	对科技成果转化的影响
技术成熟度完备	达到实际应用标准	不再影响
高技术成熟度	达到实际应用标准	影响深刻
中技术成熟度	达到实际应用标准	影响深刻
低技术成熟度	未达到实际应用标准	需经实验室培育成熟后再进行转化

下面主要阐述高技术成熟度和中技术成熟度这两个方面。

（一）高技术成熟度的科技成果转化模式

高技术成熟度的科技成果转化标志着该技术已在真实环境中成功完成了模型验证，展现出较高的成熟水平。针对这一成熟度级别的科技成果，中国科学院宁波材料技术与工程研究所由早期的单一技术许可、技术转让和技术入股转化模式，逐步拓展出"现金＋股权""技术授权""合作开发""企业培育"等多种科技成果转化模式。在实施具体转化项目的过程中，这些模式能够根据合作双方的具体需求进行进一步的优化与匹配，从而提升双方的合作意愿与效果。

1."现金＋股权"转化模式

"现金＋股权"转化模式是合作双方通过深入交流与评估，在相互认可

[①] 何丽敏、刘海波、肖冰：《基于技术成熟度的科技成果转化模式策略研究：以中科院宁波材料所为例》，《科学学研究》2021年第12期。

技术价值的基础上形成紧密合作，共同创立新企业，以推进技术的产业化进程。此模式要求合作双方建立稳固的信任关系，并对科技成果的产业化前景持有乐观预期。利益深度绑定机制能够有效激励合作双方的人员，并能加速科技成果向市场的转化进程。

2. "技术授权"转化模式

"技术授权"转化模式是技术供应方通过专利许可或转让的方式与企业进行合作，以此获取收益。此模式适用于技术接受方具备较强的技术吸收与实施能力的情况，能够有效降低企业在技术研发前期的资金投入及潜在风险。该模式能够规避科研单位因技术入股而产生的国有资产管理等相关问题，实现技术向市场的快速转化。相较于"现金＋股权"转化模式，科研单位在"技术授权"转化模式中的主导权及激励机制相对较弱，同时对企业的技术承接能力提出了更高的要求。

3. "合作开发"模式

"合作开发"模式是指双方基于技术的进一步开发与转化需求而开展的合作形式。该模式的核心特点在于，合作企业可以根据自身的特定需求定制研发成果，并与拥有相应技术专长的科研团队携手合作。这一模式在企业缺乏技术背景而又急需新技术的情境下尤为奏效，能够有效降低企业的初期投入成本及潜在风险。对于科研单位而言，此模式能在一定程度上缓解科研人员因项目未能达到预期目标而承受的压力。在这一合作框架下，科研团队负责技术成果的完善与进一步开发工作，以确保技术逐步走向成熟；合作企业则依托其生产、市场营销等方面的优势，支持技术的完善及市场的拓展，从而获取技术成果的应用权限。

4. "企业培育"模式

"企业培育"模式旨在激励科研人员在初期阶段（通常为期2～3年）以产品导向和技术成熟化为目标，对科研成果进行孵化并开展创业活动。该模式充分利用科研单位的科技资源优势以及市场的倒逼机制，旨在短时间内将科技成果转化为具有商业化前景或明确盈利模式的产品。在中国的创新创业环境中，随着支持科研人员独立创业和离岗创业的政策及配套设施的持续完善，"企业培育"模式为科技成果实现市场落地提供了一种有效的优化路径，极大地促进了技术与市场之间快速接轨。

高技术成熟度的科技成果所对应的转化模式、基本特征及模式优点如表4-2所示。

表4-2 高技术成熟度的转化模式、基本特征及模式优点

转化模式	基本特征	模式优点
技术授权	科研单位通过专利许可或转让的方式与企业合作，通过合同约定每年的许可及转让费	能有效降低企业研发前期的投入与风险；能避免科研单位因技术入股而产生的国有资产管理问题
合作开发	双方对技术先开发再进行转化，科研团队负责成果完善及后续研发；合作企业利用自身优势助推研究并由此获得转化权	企业能减少前期投入与风险，根据需求定制科技成果；科研人员能缓解项目失败压力
现金+股权	技术提供者和合作方共同成立新公司，技术提供者提供技术，合作方负责新企业的运营管理	利益深度捆绑机制扩大了合作双方人员的激励作用
企业培育	科研人员以产品为导向，意在让科技熟化，孵化科研成果并创业，让科技成果在短时间内转化为具有商业前景或明确盈利模式的产品	支持科研人员进行自主创业或离岗创业等相关政策及配套设施不断完善；突破了现有市场和技术的边界

（二）中技术成熟度的科技成果转化模式

中技术成熟度的科技成果转化仅在模拟环境中完成了模型验证，尚未在实际环境中进行实际测试，因此被视为成熟度相对较低的技术。针对这一类科技成果，应当采取进一步的培育措施，以促进其成熟度的提升，进而实现转化。在此背景下，中国科学院宁波材料技术与工程研究所采取了优化社会

资源配置、尽早引入社会资金的策略,并根据不同的需求,开展多样化的合作,以加速技术的培育进程。该所结合技术的具体特点与企业的实际情况,创新性地建立了"战略合作""共建工程中心""共同开发"等多种转化模式。

1. "战略合作"模式

"战略合作"模式主要针对行业内的领军企业,这些企业通常关注行业共性技术解决方案及潜在的前沿技术储备。该模式通过行业领军企业与科研单位的深度合作,解决行业共性及前沿技术领域的问题。这一合作形式往往需要科研单位与企业建立长期的合作关系,并对参与合作的科研单位的创新能力提出较高的要求。

2. "共建工程中心"模式

"共建工程中心"模式主要适用于科研单位与地方中小企业之间的合作。该模式针对创新资源相对匮乏的中小企业,通过合作可以有效补充其创新资源,降低研发成本,加速科研单位已有科技成果的孵化进程,促进科技成果的成熟与市场化应用。通过共建的技术中心,双方可以开展技术咨询、人才培养及成果孵化等多方面的合作。此外,这种模式也能够有效推动区域经济与地方产业的协同发展。

3. "共同开发"模式

在"共同开发"模式中,企业根据自身具体的技术需求,委托科研单位进行技术攻关,以解决企业面临的技术难题。此模式的特点在于,技术合作双方通过签订具体的委托开发或技术开发协议,针对企业的实际需求提供定制化的技术解决方案。在相关技术成熟后,进一步推动技术成果的产业化进程。该模式有效地解决了当前我国实验室技术与市场需求脱节的问题,促进了实验室科技成果的成熟与产业需求的紧密对接。

中技术成熟度的科技成果所对应的转化模式、基本特征及模式优点如表4-3所示。

表 4-3 中技术成熟度的转化模式、基本特征及模式优点

转化模式	基本特征	模式优点
战略合作	科研单位和行业领军企业共同合作,解决前沿技术领域及行业共性问题	科研单位和企业能进行长时间的合作
共同开发	科研单位受企业委托进行技术攻关,帮企业解决技术难题	解决市场需求与实验室技术脱节的问题,推进实验室科技成果的成熟培育
共建工程中心	科研单位与地方中小企业基于共建的技术中心开展技术咨询、成果孵化、人才培养等一系列合作	降低研发成本,有效补充中小企业的创新资源;加速科研单位成果孵化,为地方经济服务

第四节 创新金融支持策略

一、金融支持的重要性

金融支持在推动科技创新和产业升级的过程中扮演着不可或缺的角色,研究者往往将其视为企业与科研机构"迈向未来"的燃料。风险投资、股权众筹以及多样化的投资基金为创新活动提供了源源不断的资金支持。管理者在面临研发投入和市场开拓等高风险决策时,若能获得稳定的金融背书,就能显著提升项目的成功率与规模化速度。金融机构可通过对企业财务状况、行业前景以及技术潜力的全面评估,引导社会资本流向最具发展潜力的领域,从而在宏观层面优化资源配置。政策制定部门在推动经济转型与结构升级时同样需要金融支持,财政补贴与科技专项经费虽能在一定程度上刺激企业研发,但市场化资金的广泛参与和专业运作才是形成持续驱动力的关键。研究者指出,金融支持可以帮助创新型企业有效应对技术迭代和竞争不确定性,弹性融资模式赋予了企业在不同发展阶段灵活调配资金的自由度,初创企业可以依托天使投资和风险投资快速搭建核心团队,并通过后续轮次的融资扩大技术研发和市场推广的规模。成熟企业也能通过银行贷款、债券发行等方式获取更大规模的资金,用于装备升级和国际市场拓展。

金融支持的重要性体现在对科研机构和高校的合作推动上，产学研协同需要科研成果与企业资金的双向连接，金融机构则通过提供科技贷款、成果转化基金及知识产权质押等工具，帮助科研团队加速项目孵化与技术落地。学术研究证明，金融工具的多元化能够提升创新项目的容错空间，尤其是在新技术尚未被市场完全验证的早期阶段，若仅依靠传统银行信贷或自有资金，企业往往面临贷款难、融资贵等瓶颈，最终影响研发进度和商业化成效。金融支持的重要性还延伸至国际合作与跨境并购领域，在全球化背景下，创新资源与资本在更大范围内流动，国际投资者对拥有核心技术或高成长潜力的企业保持密切关注，推动跨国技术转移与海外市场的快速渗透。地方政府也逐渐意识到金融支持在区域经济升级中的关键地位，通过引进创投机构、搭建创新金融服务平台和优化营商环境等举措，吸引更多社会资本投向本地战略性新兴产业。社会公众对于金融支持重要性的认知也在不断加深，更多个人资金通过天使投资、股权众筹等形式直接参与到创新项目之中，在追求合理回报的同时，为社会带来更多的创新成果与就业机会。金融支持因此成为连接科技、产业与社会的一条核心纽带。只有这一纽带被充分激活，创新生态系统才能在激烈竞争与快速迭代的环境中持续焕发生机。

二、金融支持策略制定

金融支持策略制定需要从宏观与微观两个层面统筹考虑。研究者强调，政府部门与金融机构应先在宏观层面明确产业发展方向和关键技术领域的优先次序，结合国家及地方的战略规划，以差异化与精准化的方式引导资金流向真正具有成长性的创新项目。管理者在制定策略时要充分评估不同企业所处的发展阶段，初创企业通常通过种子资金与风险投资的灵活组合来完成技术孵化与团队搭建，处于扩张期的企业则需要规模化资金来加快生产线升级与国际市场布局。金融机构在设计产品和服务时也要兼顾风险管控与创新激励，银行可通过增设科技专营支行或建立专业的评审团队，提高对前沿技术与创新模式的识别能力；创投机构可以依托专业领域的研究与行业资源，为被投企业提供投后管理与增值服务，帮助企业解决营销、人才和渠道等方面的问题。政策制定部门应从法律法规层面为金融创新提供更宽松的环境,如完善知识产权评估与交易制度,为以专利、版权等无形资产作为抵押物的融资方式创造便利,进一步拓展企业的融资渠道。监管机构也要关注新型金融工具的潜在风险,对众筹、私募等领域进行适度监管与规范,以防范可能出现的欺诈行为或项目泡沫。

制定金融支持策略时需加强产学研合作平台的建设,让科研人员更容易获得针对早期技术研发的资金支持,让企业能够在成果转化的初始阶段就获得金融机构的专业评估与资源对接。数据共享和信息透明也是策略制定的关键一环,政府、金融机构和企业应通过统一的创新项目数据库或信用信息系统来提升效率与增强决策的科学性。地方政府可以基于区域产业特色设立专项基金,与市场化资本形成联动,为优势产业提供更具针对性的金融方案。策略制定还需充分考虑国际资本的引入,一些具有全球视野的机构投资者可以为本土企业提供技术合作和市场拓展方面的增值帮助,通过跨境并购和合作研发实现知识与资源的双向流动。在所有安排中保持灵活性与动态性,定期进行评估与反馈,根据宏观经济形势与行业趋势的变动进行及时调整,只有在持续迭代中才能保证金融支持策略的有效性与前瞻性。

三、金融支持策略的实施

金融支持策略的实施需要多方主体协同进行。研究者指出,政府部门在政策执行中扮演了"催化剂"和"监管者"的双重角色,通过产业引导基金、贴息贷款等方式为重点项目输入基础资金,并在法律法规层面对金融市场运行进行动态监管。金融机构在落实策略时应在组织架构与流程上进行相应调整,如设立专门的创新融资团队,对高潜力企业或早期项目实施差异化的风控与审批程序,并配合建立快速响应机制。企业在接受金融支持时需要具备透明的财务体系与可行的商业模式,管理层若能对产品定位、市场规模和技术壁垒进行清晰阐述,就能在与投资者或银行的沟通中争取更大的主动权。科研机构和高校在策略实施中可以与金融机构形成紧密互补的关系,技术转移中心或科技成果转化机构可主动对接风投资本与产业基金,提供技术评估报告与专利布局规划，帮助金融方降低专业判断门槛。政府可以在高新区或产业园区内设立"一站式"服务平台，为项目提供从政策咨询、知识产权保护到投融资对接的一条龙服务。策略实施过程中需要警惕金融资源过度集中于少数热门赛道或明星企业的情况，政策层面应引导相关机构适度分散化投资，在不同细分领域为中小型创新团队留出发展空间。数字化工具的普及也将加速策略的落地，智能风控与大数据分析等技术能够有效提升金融服务效率，并将合规与安全保障嵌入业务流程中。学术研究表明，在策略实施中保持适度宽松与积极创新的原则能促进金融与实体经济的良性互动，但也需适度防范杠杆过高与重复投入等潜在风险。

一些具有全球化背景的企业和投资机构可利用国际金融市场的多层次结构为国内创新主体输送新的资源与知识。研究者呼吁在实施过程中持续进行绩效评估与信息反馈，通过对成功案例与失败案例的剖析，进行经验总结和机制完善，让金融支持策略在不断试错与迭代中得到优化。只有政府、金融机构、企业与科研团体协同推进，金融支持策略才能真正落到实处，为创新驱动发展提供强有力的资金和机制保障。

第五节　提升风险防范意识并制定应对策略

一、科技成果转化的风险类型

（一）科技成果不成熟风险

科技成果不成熟风险在成果转化过程中时常凸显，其是技术路径不明确、研发阶段尚不足以支撑商业化等因素共同作用的结果。高校与科研院所在早期研究阶段通常更关注学术前沿与理论突破，往往缺少对市场需求的深入调研与商业可行性的充分验证，管理者如果在成果尚未完成可行性测试或中试验证时就贸然进行大规模转化，便会使项目在后续流程中面临性能不达标或技术路线被推翻的严重后果。企业在引进这些成果时也会陷入"试验场"角色,一旦市场反馈不及预期,损失不仅体现在资金层面,也体现在时间与机会层面。

社会资本对不成熟成果往往保持谨慎态度,这进一步加剧了资金不足的困境。科技成果不成熟风险不仅影响个别项目,还会降低整个创新生态系统的活力,因为不成功的转化案例可能带来负面示范效应,让潜在参与者对类似领域和新兴技术心存顾虑,不愿投入更多资源。因此,管理者需要在项目初始阶段加强对技术评估和价值论证的关注,通过小范围试点或与专业机构合作来降低成果不成熟带来的不确定性,只有在明确掌握科研成果的成熟度与潜在适用场景后,才具备大规模投入的基础。学术界与实务界多方呼吁,应从制度与流程上细化对科技成果成熟度的评估标准,并引入更多外部专家和市场意见,只有这样,才能从源头上减少不成熟风险对成果转化整体进程的阻碍。

(二)主体多重身份引致的风险

主体多重身份引致的风险在产学研合作和成果转化项目中尤为突出。研究者通过案例研究发现,科研人员、企业投资者和中介服务机构等往往身兼数职,一人或者一个组织同时扮演多重角色,这样会在利益诉求和职责范围上出现冲突。高校教师既可能是科研项目的主要负责人,又可能是创业团队的股东或技术顾问,这样会在项目决策或收益分配中出现冲突。企业高管既可能是科研成果评估者,又可能是投资方,这样会在言行上存在倾向性或出现利益冲突。中介服务机构在提供咨询、评估或技术经纪服务时若与项目方或投融资机构存在关联关系,就可能违背客观公正的专业原则。

制度设计的缺失与监督机制的不完善也为这种风险的滋生提供了空间,管理者若未建立透明的信息披露与审查程序,就难以全面掌握各参与方真实的利益关系。学术界认为,解决这一问题需要多方共同努力,学校和科研机构要明晰教师创业与项目带来的收益归属与行为边界,企业和投资者要遵守专业伦理与法律底线,政府部门需要出台配套政策,对关键利益冲突进行约束和处罚。社会公众也应关注这一现象，对涉及公共资源和财政支持的成果转化活动进行民主监督。只有通过多管齐下的制度建设与价值观引导，才能使主体多重身份带来的协同效应大于风险，为科技成果转化提供更公开透明且高效运行的空间。

（三）科研成果资产定性风险

科研成果资产定性风险在实践中影响着科技成果转化的效率与规模，研究者将其概括为难以准确衡量科研成果的真实市场价值与发展潜力，导致投融资决策和收益分配出现不合理或不公平现象。高校与科研院所产出的成果往往拥有知识产权或者专有技术，但由于这些成果尚未与特定市场应用场景进行充分对接，资产评估很难形成统一标准。管理者在审批科技成果出资入股或对外转让时面临定价难题，一方面缺乏成熟的评估工具或专业机构，另一方面也存在信息不对称或人为操纵的情况。企业在引进科研成果时若没有明确的价格依据，就会面临溢价或低估的风险，结果可能是企业投入过高成本却难以收回，或者科研团队因定价过低而丧失合理利益。

知识产权性质和有效期的差异也会对成果的资产价值产生重大影响，一些前沿技术的专利保护期较长，就可能在未来拥有更大的溢价空间；专利即将到期或面临激烈竞争的技术，其市场价值则会受到不利影响。管理学者还提出利用大数据和行业数据库来辅助评估，与同行业类似技术的历史交易价格和商业表现进行比对，为决策者提供更具说服力的定量参考。制度设计者也应对科研成果资产化流程进行规范，只有在规范化的环境中，市场主体才能建立信任，专家评估才能更具公正性与公信力。科研成果资产定性风险如果长期得不到解决，会挫伤科研人员和投资机构的积极性，也会降低科技成果向生产力转化的整体效率，因而迫切需要在理论与实践层面采取针对性措施，从而解决这一问题。

二、应对科技成果转化风险的策略

应对科技成果转化风险的策略离不开制度创新、信息共享与专业服务的多重协同，研究者首先强调需在法律法规与政策框架内对关键环节予以明晰和规范。管理者若能在项目立项和转化路径设计阶段就引入独立第三方评审，并结合专家意见、市场调研和技术路线可行性分析进行充分研判，就能大幅降低不成熟风险在后期爆发的可能性。主体多重身份带来的冲突与风险可以通过利益冲突披露、信息公开和强化问责机制等方式加以遏制。高校和科研院所应对教师创业与成果持股建立公开透明的规则，政府和投资机构也需接受更严格的利益审查和道德监管。科研成果资产定性方面的瓶颈可通过建立规范化的评估流程与行业认可的价格基准体系来突破。政府部门和行业协会若能牵头出台技术估值指南，并鼓励评估机构提升专业水平，就能让企业、科研单位和投资方在定价问题上更容易达成共识。信息共享是构建风险应对体系的关键支撑，高校、科研院所、企业与政府部门通过统一的科技成果数据库或线上平台实现信息互联，可以及时发布项目进展与需求匹配信息，让市场对技术成熟度与商业前景进行初步判断，也让潜在投资者快速识别优质项目。专业化的服务机构在成果转化过程中扮演了桥梁角色，技术经纪人、知识产权代理与投融资顾问等主体若能在机制与利益分配上保持独立性，就能为多方提供客观而高效的撮合服务。研究者指出，国际合作与跨区域协同在风险应对策略中也大有裨益，海外的成熟经验与资本可为本土成果转化提供新的发展路径与借鉴范式，本地政府可加强与外部合作伙伴的互动，通过建立联合实验室和国际投融资平台共同分担风险。科技成果转化风险并非完全可控，只要管理者在制度、流程与文化层面不断完善，就能最大程度地消除潜在隐患，并激发产学研各方在创新浪潮中持续前行的动力，最终推动更多科研成果在市场上实现真正的社会效益与经济效益。

第五章　科技成果转化助推产业结构升级

第一节　科技创新：促进提升产业结构升级的原动力

科技成果创新水平虽然并非促进产业结构升级的必要条件，但从产业结构升级路径分析能够看出，科技成果创新水平在其中起着普适性的作用，并能够显著促进产业结构升级。从未来发展的角度来看，各区域不但要提高科技成果转化的数量，而且要提升科技成果质量。其可以从以下几个方面着手：持续增加对基础研究的投入和支持力度，以及持续增加财政资金的投放力度。只有真正考虑后续的转化问题，才能让科技成果在产业结构升级中发挥其源头活水的作用。

一、持续增加对基础研究的投入和支持力度

加快推进我国基础研究发展的措施主要体现在以下六个方面：第一，强化基础研究前瞻性、战略性、系统性布局；第二，深化基础研究体制机制改革；第三，建设高水平的基础研究支撑平台；第四，加强基础研究人才队伍建设；第五，广泛开展基础研究国际合作；第六，塑造有利于基础研究的创新生态。

二、持续增加财政资金的投放力度

在我国跻身创新型国家前列的过程中，科技成果创新水平是决定性因素。在我国发展的过程中，科研投入的强度和力度有待增强是一个亟须解决的问题。特别是我国西北、西南的一些省份，如陕西、甘肃、云南、青海等，这些地区在科技成果创新方面存在着不同程度的资金不足的情况，这在

一定程度上制约着当地产业结构升级。只有不断加大科技成果创新的投入力度和强度，科技创新资源的利用效率才能得到有效提升，进而才能加快产业结构升级的步伐。

筛选出一些科技成果转化基础条件较好的区域，建立起"政产学研资介"六位一体的全产业链条科技成果转化的示范样板，同时对科技成果转化建立起统一的平台，使科技成果转化更畅通、更便捷，以此最大化促进产业结构升级。打破各个地域间市场独立分割的状态，使人才、资金、技术等创新资源能够自由流动。借助产品的流动来推动科学技术的传播，提高科技成果创新的质量和水平，进而助推各产业结构升级。

对于基础研究来说，政府应大力支持各个学科领域的基础研究，鼓励并推动高校评价指标体系中有所侧重地加入科技成果转化的相关指标，并参照相关考核结果，对经费的拨款和使用进行动态性调整。高校应当建立起一套系统、科学且完整的科技成果转化活动管理考评激励机制，将科技成果转化管理工作与高校业绩考核相结合。

各区域在科技成果创新资金的分配和使用过程中，应当建立起创新资源共享的统一大平台，还需配以相应的容错纠错机制，允许高校在科技成果转化过程中出现尝试性或探索性的失误，为敢于改革创新的研究者提供宽松的环境。

第二节　金融服务：提高产业结构升级的质量效益

在当前的国际大环境下，全球供应链发生重要调整，产业结构和全球布局所依照的基本准则、逻辑框架及外部条件均发生了深刻的变化。国内金融业应根据这一变化作出有针对性的调整，以更好地支持国内企业开启新一轮的全球化布局，推进产业结构升级、供应链调整及价值链跃迁。

一、持续坚持全球化和高水平开放

持续坚持全球化和高水平开放，需要积极投身全球化浪潮中，支持多边主义，有所作为，并将主要精力投入新一轮的国际化标准制定中。对于更高水平、更高规格的全球投资贸易规则的制定，应更加重视。

从以往我国的经济发展状况来看，我国对外开放的重点是进口替代、吸引国外直接投资、出口创汇等方面，彼时 WTO 框架已能满足我国的经济发展需要。而目前，我国对外开放的重心已经转移到"走出去"上，对全球范围的资源进行了有效配置，对供应链进行了重新布局，此时 WTO 的框架便不足以满足我国经济发展的实际需要，需要对其进行适当的调整。

就目前我国的经济发展模式和对外贸易导向来看，我国需要更高标准的国际投资贸易规则，这样才能更好地保护我国在全球投资的利益，同时推动相关联的服务贸易，真正实现全球价值链的转型和跃迁。这就需要对 WTO 进行更为彻底的改革。

国内已在自由贸易试验区进行了尝试，正在大力推进高水平的自由贸易体制改革创新探索工作。我国已有 20 多个自由贸易试验区，参与自由贸易试点的地区均表现出极大的热情。但就改革试点的内容和举措来说，总体上存在一定程度的同质化情况，大多数自由贸易试验区将重点工作放在投资贸易的便利化及一些资本项目可兑换等一般性的措施上。自由贸易试验区的开放标准和水平还不高。

国际上普遍认为，自由贸易区投资贸易的规则要优于 WTO。如今 WTO 的整体框架似乎跟不上全球经济的发展态势。在全球范围内，涌现出了很多优于 WTO 的规则要求。而这些自由贸易区的政策措施是否适合我国经济发展，是否优于 WTO 的规则，需要进行全面周详的分析评估。

二、大力支持技术创新并推动经济社会数字化转型

当前虚拟集聚、网络空间等新兴技术对产业结构升级、供应链调整、价值链跃迁的影响不容小觑。从资源和业务配置层面来看，应加大对诸如数据等生产要素的投入力度，以助推产业数字化及数字产业化的发展。此外，对

一部分传统产业和新兴产业（现代服务业、金融业、先进制造业），应鼓励并支持其充分利用数据资源，充分利用数字技术，实现资源的优化配置。在生产及服务的过程中，要持续推进智能化、自动化、智慧化、定制化和柔性化。[1]

大湾区在数字经济和数字化转型的一些重点领域内的表现较为突出，具有一定的代表性。珠三角地区之所以能够涌现出诸多大型科技公司或科创型企业，与其背后的金融支持、金融环境、金融业态有着直接的关系。深圳集中了一批对市场信息反应敏锐、活跃的天使投资及创业投资机构。此外，金融业自身想要跟上经济社会发展的步伐，也应加快推进数字化转型工作，在这方面，我国处于国际前列。

三、坚定而审慎地推进人民币国际化

在新的国际大环境中，推动人民币国际化，有助于我国更好地实施产业的全球布局战略。近些年，全球处在各种不确定性之中，国际货币体系发生了深刻变革，此种情况有可能导致国际金融体系发生重大转型。如今，国际货币体系出现多元化走势，人民币也在逐步尝试国际化，这对接下来我国推进更高水平对外开放及参与国际分工有着深远的影响。人们应时刻准备，以更好地应对各种突发问题。各经济活动的参与者应落实"十四五"规划关于"坚持市场驱动和企业自主选择，营造以人民币自由使用为基础的新型互利合作关系"的要求。如今，在进行产业结构升级、供应链调整及价值链跃迁的过程中，应实施"本币主导"和"本币优先"的战略，更多地通过使用人民币满足产业结构升级及产业对外转移的需求。我国企业应借助这一良好发展机遇，提高企业自身在全球资源配置中的效率，以主动的姿态参与全球布局调整。

---

[1] 孙建平、尹小贝：《超大城市智慧应急：全球视野下的路径探索》，上海人民出版社2022年版，第38页。

四、逐步构建完善的金融市场体系

高新技术产业的结构升级和非高新技术产业的结构升级均需要大量的资金投入,以推动科技成果转化及产业结构升级。这可从高新技术产业结构升级系数提升方式及非高新技术产业升级系数提升方式的结果分析得出。各地政府应当科学、合理地调配金融市场资源,同时不断健全并完善市场经济制度,进而解决民营企业面临的各种实际问题。在我国,存在科技成果转化融资难的问题,这在很大程度上阻碍了相关产业的结构升级,因此需要有针对性地深化金融服务工程,以最大限度提升产业结构升级的质量和效益。

当下高新技术企业在融资事项上存在着一定的门槛。这一方面影响着高新技术企业的长远发展,进而会影响产业结构升级。金融市场的发展状况影响着高新技术企业的融资渠道及融资规模。产业结构升级不仅需要在科技上进行突破,还需要大量的资金投入。高新技术企业如果在融资上遇到很大问题,其在相应的核心技术上就很难作出重大的突破。高新技术企业一旦失去持久的科技研发能力和创新能力,便会失去在激烈市场中的竞争力。对于高新技术企业来说,资金是其进行科技创新的助推力。科技创新与金融的加速融合,能大大提升科技创新的效率及成效。

要想构建完善的金融市场体系,需要先对金融机构的组织体制进行有效的改革,在合理的范围内提高金融的开放程度,推动金融创新,以激发金融市场的活力。积极发展普惠金融,以更为平等有效的方式,以高新技术企业可负担的成本,为其提供适当、有效的金融服务。

逐步实施金融市场要素的价格体系变革,采取人民币汇率及利率的市场化、政府项目可兑换等一系列措施,让要素价格成为市场资源配置的重要信号,进而促进产业结构升级。

金融市场的正常运转需要一定的安全性及稳定性,其能有效提升科技成果转化在产业结构升级中的比重。这需要最大限度地完善金融监管措施,构建起良好的金融市场保障制度,同时要建立保障从业者利益的自由退出机制。

五、促进金融资源分配合理化

目前,我国科技成果转化环境不断提升和改善,各地区和城市制定了各种优惠政策,以促进金融市场稳定发展。高新技术企业、高等院校等市场参与主体有了较稳定的融资渠道,能将更多的精力投入技术研发中。

在支持科技创新方面,国家应对各种金融资源进行合理化的分配,这对国家提升产业结构升级之中科学与技术成果所占的比重有极其重要的现实意义。各个地区的金融业发展状况不尽相同,甚至存在较大的差异,如东部沿海地区与中西部地区的金融业发展差距较大。东部沿海地区经济往往较为发达,其金融业发展较为充分,有较好的发展空间及环境;而中西部地区经济发展水平偏低,相比之下,其金融业的发展有待进一步提升。中西部地区在科技成果转化过程中会遇到一定的困难和阻力,其产业结构升级的支撑力也略显不足。

鉴于以上现实情况,政府应当发挥其主导协调的作用,平衡各地区之间金融业的发展水平,政策及资源可适度地向中西部地区倾斜,以提升中西部金融业的发展水平。政府应加大对中西部地区金融业的投资力度,有条不紊地推进产业结构升级和总体优化。

政府还可有效利用财政及金融市场的相关政策,人为地调节不同地区金融业的发展水平。政府相关部门和商业银行间可精减一些不必要的投资限制措施,为各地方金融机构的自主发展提供良好的空间和环境。在中西部地区,甘肃和重庆为金融业投资的重点地区。而其他地区,如内蒙古自治区等地区的金融业投资水平不足,政府需要调整投资方向,向这些金融业投资水平不足的地区释放更多资源,以促进其地区产业结构升级。在制定相关投资决策时,政府不仅要关注重点投资地区,更要关注金融业投资水平薄弱的地区。

六、重视气候变化及环境问题

中国在绿色金融领域起步较早,2012年银监会发布了《绿色信贷指引》。2016年,中国人民银行会同相关部委出台了《关于构建绿色金融体系的指导意见》。

中国人民银行和相关监管部门共同协作，在绿色金融方面做了诸多工作，取得了一些积极的成效，并且得到了国际社会的广泛肯定。就目前来看，中国已成为国际绿色金融市场、绿色金融产品、金融产品标准制定等方面积极的参与者和贡献者，甚至在一些领域还是主要的引领者。

早在2016年，党和国家就将绿色金融纳入国家整体发展战略中。此后，党和国家的多项文件中均提到了绿色金融，生态文明也被写进了宪法。从这个层面来看，环境和气候变化因素将成为日后落实高质量发展和双循环新发展格局的一个重要硬约束，其对产业结构升级和金融业改革发展将产生极为深刻的影响。在所取得成绩的基础上，金融业可开展更加务实、积极和具有前瞻性的工作，充分核算、进行压力测试，既对自己进行了适应性调整，又对经济社会的绿色发展转型提供了更好的支撑。

第三节　载体构建：打造科技创新的产业生态集群

一、启动建设未来产业先导区

在当前科技与经济日新月异的时代背景下，构建未来产业先导区成为驱动区域经济转型升级、增强科技创新实力、构建高质量发展架构的关键战略行动。选取特定区域开展未来产业先导区建设，将为国家级未来产业先导区的设立奠定稳固的基础。此先导区的构建既是产业结构调整的内在要求，也是激发科技创新活力、引领未来产业前行的战略部署。先导区的建设需聚焦于核心技术领域与产业链拓展，促进产业间深度融合，开辟新兴产业路径。

未来产业先导区的建设应立足现有产业格局，构建"n+X"的未来产业发展架构。"n"代表当前已确立且具备发展潜力的未来产业方向，涵盖人工智能、高端制造、新材料技术等前沿科技领域。"X"则代表未来可能崛起的新兴产业，如新型负排放技术、天基太阳能、高超音速飞行技术、4D打印技术等。此架构既体现了对现有优势产业的深化发展，也蕴含了对新兴产业的探索布局。实现多点突破与重点推进之后，未来产业先导区将为区域经济发展注入强劲动力，打造具有全球竞争力的产业集群。

在未来产业先导区的建设过程中，需明确将人工智能、生物医药等当前具备显著创新优势的领域作为主攻方向。这些领域既是技术革新的核心力量，也是产业升级的关键路径。在这些领域借助有效整合并应用创新资源，推动科技创新合作区内未来产业创新基地的建设，既能提升区域科技创新水平，又能借助创新合作机制，促进政府公共服务与创新合作的双重前移。如此，先导区内的创新资源将实现高效汇聚，科技成果转化也将加速落地，为国家级先导区的设立奠定坚实基础。

为实现这一战略目标，先导区需整合科技创新资源，开展未来产业前沿核心技术的研发攻关，如可依托当地高校、科研院所、企业等多方力量，形成科研合作与技术创新的良性互动机制。借助汇聚不同主体的创新动能，突破关键技术瓶颈，推动未来产业领域的自主创新与技术引领。政府公共服务体系需在创新领域提前布局，为科技创新提供更加高效、便捷的支持与服务，进一步优化创新资源配置，发挥集聚效应。

先导区的建设需重视生命健康产业的发展。生命健康产业关乎民众基本需求，也是未来产业发展的重要趋向。随着人口老龄化趋势加剧与健康需求的日益增长，生命健康产业已成为推动经济高质量发展的关键驱动力。先导区应充分利用当地在生物医药领域的创新优势，推动相关企业与科研机构在此领域开展更深层次的合作与创新。打造以生命健康为主导方向的科技创新产业园区，能够促进区域内企业与科研机构的协同创新，形成具有较强产业集聚效应的生命健康产业示范区。

先导区的建设需着眼于科技创新产业园区的共建与区域协同发展。区域间的创新资源协同与高效利用得到进一步强化，先导区能够实现科技创新资源的最大化共享与整合，从而提升整体创新能力与产业竞争力。区域协同发展能有效促进各类创新主体资源互通、信息共享与技术协作，同时能推动区域内外产业链协同发展，形成互补优势，提升产业集群的整体竞争力与全球影响力。

未来产业先导区的建设是一项复杂且系统的工程,涵盖产业布局、科技创新、资源整合等多个方面。在选定区域助推未来产业蓬勃发展,打造出具备创新优势与产业竞争力的未来产业先导区,能为国家级先导区的设立提供宝贵经验与示范模式,更能为未来产业的长远发展奠定坚实基础。在先导区建设过程中,必须紧密围绕人工智能、生物医药等前沿创新领域,采取技术攻关、创新合作与政策扶持等措施,推动区域创新资源高效配置与整合,打造具有全球竞争力的未来产业高地。

二、建设国际先进技术应用推进中心

在全球科技日新月异的时代背景下,推动先进技术的有效应用和其产业化进程,是实现区域经济转型升级、增强国际竞争力的核心路径。在培育与壮大未来产业的过程中,构建国际先进技术应用推进中心具有深远意义。该中心的建设应秉持企业化、市场化的运营模式,致力打破传统科研与产业间的壁垒,构建一个全球领先的先进技术应用与推广平台。构建涵盖"源头创新、技术转化、产品开发、场景应用、产业化、产业集群"的全方位产业链条,能为未来产业的可持续发展提供坚实支撑。

国际先进技术应用推进中心应致力打造一个区域性的科技成果对接枢纽,汇聚并整合区域内各大高校、科研院所及创新型企业的前沿科技创新成果。该枢纽的建设旨在消除创新成果的隔阂,将零散的技术与科研成果进行系统化、结构化的整合,推动科技创新成果高效对接与转化。借助该枢纽的有效运作,区域内的科研人员、企业家及技术创新主体能够更精准地对接市场需求与技术创新供给,促进科研成果从实验室向市场顺利过渡,形成推动科技创新突破的良性循环。该枢纽既是一个科技成果对接的媒介,又是一个创新生态系统的核心,能够为产业链上的各方提供全方位的支持与服务。在这一平台上,企业需求与技术供给能够实现精准匹配,促使高校与科研机构的科研成果转化为具有市场竞争力的技术与产品。借助这一平台,各类技术成果能够在不同领域内得到广泛应用,特别是在前沿科技领域,其能助力企业实现技术革新与产业化,推动产业链持续拓展与深化。

国际先进技术应用推进中心应积极推动技术快速转化与产业化进程，加速科研成果的商业化应用。当前，科技创新的"最后一公里"问题仍是技术转化与产业化的主要障碍。国际先进技术应用推进中心应借助政策引导、资金支持等手段，加速科研成果的市场化应用。构建技术转化、产品开发、产业应用等多环节的协作体系，可推动从源头创新到产业化的全过程发展。

在此过程中，技术转化的效率与质量是衡量国际先进技术应用推进中心成功与否的关键指标。借助该平台，区域内的创新主体能够加速成熟技术的共享与应用，通过完善技术数据库、构建共享平台等方式，使技术创新成果迅速适应市场需求。这种跨学科、跨行业的技术资源共享模式将极大地激发创业者的市场洞察力，推动科技成果的产业化进程。该中心应借助政策及服务支持，助力企业解决从技术研发到市场应用中的各类难题，确保技术能够高效转化为市场产品，并迅速投入实际应用。

建设国际先进技术应用推进中心还需注重跨地区、跨领域的技术合作与资源整合。借助中心的平台优势，区域内外的企业、科研机构及技术创新主体能够开展广泛合作，推动产业链上下游协同发展。在这一过程中，技术创新与产业应用的对接将更加紧密，进而推动产业集群形成与壮大。未来产业的培育不仅依赖单一企业或科研机构的努力，也需要多个技术创新主体协同合作，形成跨区域、跨领域的产业协同效应。

为进一步推动产业集群的发展，国际先进技术应用推进中心还应借助资源整合与政策引导，鼓励企业加大对技术创新的投入，推动技术在具体场景中的应用。科技创新的核心价值在于解决实际问题，将创新成果应用于实际场景，能加速技术成果的商业化进程，还能为企业提供更多的市场机遇。通过多方资源的协同利用，未来产业的创新链条将持续延伸，形成强大的产业集群效应，提升区域的科技创新能力和国际竞争力。

国际先进技术应用推进中心的建设，旨在提升区域产业的整体创新能力。凭借多方协作、资源整合、技术转化等手段，为未来产业的培育提供有力支持。未来产业的发展不仅依赖于技术的突破，更需市场的接纳与应用。该中心应在技术创新的基础上，积极推动市场应用场景的构建与产业化进程的加速，确保创新成果能够迅速转化为具有市场竞争力的产品和服务。

构建国际先进技术应用推进中心是推动未来产业发展的关键举措。凭借企业化、市场化的运营模式，中心可有效促进区域内外技术创新主体的合作与资源共享，推动科研成果的技术转化与产业化进程，加速技术应用的落地与产业化的实现。通过各类创新资源的整合，中心为未来产业的培育提供坚实基础，形成具有国际竞争力的产业集群，推动区域经济高质量发展。在这一过程中，技术创新与产业应用的深度融合，为区域经济的发展注入了持续动力，最终实现从技术突破到产业引领的跨越式发展。

三、促进全球未来产业资源的汇聚发展

当下，未来产业间的竞争愈发激烈，全球范围内的科技创新和产业资源的汇聚已成为推动区域经济发展的核心驱动力。为有效促进区域未来产业资源集中与发展，应构建全球未来产业资源监测平台，科学分析并预测全球未来产业的动态与发展趋势。该平台能实现对国际未来产业资源的精确追踪，为本地科技创新与产业发展提供可靠依据，并为"双招双引"战略的有效实施提供坚实支撑。该平台可全面洞察全球未来产业的发展脉络，促进国内外创新资源无缝对接，从而加快科技成果的转化与应用步伐。

建设全球未来产业资源监测平台需依托现有的国际科技信息中心，全面整合全球科技创新与产业发展的信息资源。该平台的核心功能是科学分析全球未来产业的动态发展趋势，紧密跟踪全球各国在未来产业领域的资源布局、技术进步和产业变革情况。该平台为国内相关决策者提供了宝贵的参考信息，也为区域的产业规划、科技创新政策的制定提供了精确的数据支撑。通过对全球未来产业资源的流动与变迁的监测，可迅速把握国际市场的需求动态，调整自身的产业政策和创新战略，确保区域在未来产业发展的竞争中占据领先地位。

全球未来产业资源监测平台的建设应侧重于国内外未来产业研发机构、企业、人才等创新资源的精准引入。编制全球未来产业资源招引目录，能够实现资源的精确匹配和高效整合。该目录涵盖未来产业相关领域的研发机

构、创新型企业、高层次人才等，为招商引资与引才引智提供了具体且详尽的指导。精准识别并引进全球领先的研发机构、创新型企业及高端人才，区域能够在未来产业发展的各个环节中占据战略要地，形成产业链上下游协同共进的态势。对于中高端产业链条的完善，平台能够发挥积极的推动作用，促进企业、研发机构和创新资源的深度融合，形成资源共享与技术协同的良性循环。

依托全球未来产业资源监测平台，区域可以通过"链式"招商引才的方式构建更加集中的产业生态。"链式"招商引才即在产业链的各个环节之间实现上下游企业的精确对接和协同发展。通过对全球产业资源的深入分析与监测，平台能够为企业提供个性化的招商引资服务，帮助企业在全球范围内精准对接技术、市场及人才资源。该模式能够有效促进产业集聚，增强区域内企业的技术创新能力与产业竞争力，进而推动区域经济全面升级。

为了进一步强化"链式"招商引才的成效，区域应注重提升产业链的联动性，推动产业链上下游企业之间深度合作。在新兴领域，如人工智能、生物医药、新能源等，产业链上下游企业之间的协同作用尤为明显。平台的支持可加速技术创新成果的转化，推动企业在全球市场中占据有利地位，从而提高区域在全球未来产业竞争中的话语权和影响力。除了精准地招商引才，平台还应为区域未来产业的国际合作提供更广阔的合作空间和平台。区域可以通过举办国际未来产业博览会等形式，提升自身的全球影响力，促进区域与全球产业链无缝对接。博览会作为重要的产业展示与交流平台，能够高效汇聚全球范围内的资金、产业与技术资源，为企业提供更多的市场机遇和发展空间。博览会也是国际技术交流与合作的重要桥梁，能为区域提供更多的跨国合作机会，推动区域产业在全球市场的布局。

区域通过举办国际未来产业博览会，能够实现产业链各方资源的汇聚与共享，进一步提升产业集群的竞争力和凝聚力。在博览会的平台上，区域能够展示自身的科技创新成果，吸引更多国内外投资者和创新主体参与到区域未来产业的建设中来。博览会还能够促进技术交流与合作，推动跨国企业、科研机构和创新团队的合作与资源共享，加速技术的转化与产业化进程，进而提升区域在全球产业链中的竞争力。

全球未来产业资源监测平台的建设旨在推动技术引进与产业化，通过更加系统化和高效的方式，加速区域内外科技创新资源的深度融合。良好的平台运作能构建全球范围内的产业合作与资源共享网络，推动区域产业的全球化布局，并为未来产业的发展注入持续不断的创新活力。区域在整合全球创新资源时，能够在全球未来产业的发展中抢占先机，促进科技成果快速转化，并为区域的经济转型和高质量发展提供强有力的支撑。

全球未来产业资源监测平台能精确监测全球未来产业的发展动态，推动全球创新资源的引进与转化，形成产业链的集聚与联动效应，促进区域与国际产业深度合作与协同发展。区域能够抢占未来产业的先机，并能为全球产业链的高效联通与协同创新作出积极贡献，从而提升区域的国际影响力与竞争力。

四、加强未来产业发展的资金与人才支撑

随着全球科技竞争的加剧，未来产业的迅猛发展需要技术突破、资金支持与高质量的人才储备。为确保未来产业健康、可持续发展，必须构建多层次、多元化的资金支持体系，并利用创新人才培养机制，为产业的技术研发、成果转化及市场推广提供坚实的支撑。探索创建未来产业先进技术应用母基金和前沿科学公益基金会，促进资金与人才深度融合，为未来产业发展提供必要的资源保障。在合成生物、光载信息、智能机器人、细胞与基因等前沿科技领域，创新的商业模式和资金合作模式能够有效破解技术难题，推动这些领域科技创新成果的转化与应用。

设立未来产业先进技术应用母基金是构建未来产业资金支持体系的关键举措。母基金作为资金支持的核心载体，旨在为未来产业中的高新技术领域提供早期投资与资金保障。通过政府引导、社会资金参与及市场化运作，母基金能够有效汇聚社会资本，推动合成生物、智能机器人等前沿科技领域的技术创新与产业化进程。未来产业的资金需求具有高风险、高回报的特性，传统的融资模式往往难以适应这一需求，而母基金的设立能够填补这一空

白，引导资金流向高科技、高风险领域，助力这些领域的创新成果尽快实现实际应用。

未来产业应加大对前沿科技攻关的专项资金投入力度。在合成生物、光载信息等技术的研发阶段，资金的投入不容忽视。前沿科技领域的创新突破需经历较长的研发周期及投入较高的资金成本，而通过母基金等平台的资金引导，可确保这些领域的科技攻关拥有充足的资金保障。结合社会资金捐赠、企业投资等多元化的资金渠道，可实现资金的长期、稳定供给，为持续推动科技创新提供坚实支持。

前沿科学公益基金会能为科技创新提供资金支持，并能发挥社会资本的"第三次分配"功能。在当前国内经济结构调整与收入分配改革的背景下，利用社会资金，通过公益渠道投入前沿科技研究，是一种创新的资金支持模式。该模式能在区域内构建更加开放、多元化的资金支持体系，推动创新资源的合理流动与高效利用。社会捐赠资金的引入，可为未来产业提供长期、稳定的资金支持，推动科技创新与社会公益协同发展，进而加速前沿科技成果的转化和应用。

要实现产业的跨越式发展，必须依托人才队伍的高素质及强创新力。实施未来产业青年创新人才政企联合资助计划，培育一批具有国际竞争力的青年人才，是推动未来产业持续创新与突破的重要举措。该计划旨在通过政府、企业与科研机构的联合资助，支持青年创新人才在未来产业研究领域开展深入探索。这种资助计划可为青年人才提供充足的研究经费，助其在实践中积累经验，培养更多具备创新思维和实际操作能力的高层次人才。

未来产业青年创新人才政企联合资助计划的实施方式是区域内高校、科研机构的青年创新人才与企业联合开展未来产业研究项目，其资助模式为企业向青年创新人才支付研发费用，相关政府部门根据企业支付的费用给予相应额度的补贴。该模式能减轻企业在研发过程中面临的资金压力，鼓励企业积极参与到人才培养和科技创新中，形成政、产、学、研一体化的创新机制。

未来产业青年创新人才政企联合资助计划可利用政策引导和企业支持，

实现对青年创新人才的多维度资助。政府部门可通过财政补贴的方式，降低企业的研发成本，从而激励企业投入更多资源，支持青年创新人才的成长与发展。这种模式还能为青年创新人才提供更加丰富的科研平台和发展空间，促进他们在企业实践中获取宝贵经验，推动他们的创新成果及时转化为实际产品。政、产、学研联合攻关机制的建立，将进一步加强区域内外各方资源的整合与协同，推动科技创新与产业创新深度融合，提升区域未来产业的整体竞争力。

青年创新人才的培养是对未来产业发展的直接助力，也是推动科技创新持续发展的长远规划。政企联合的资助方式可为青年创新人才创造更加广阔的发展平台，鼓励其投身于合成生物、智能机器人、基因科学等前沿领域的研究与应用。青年创新人才通过激励机制，能够专注于科学研究，攻克技术难关，推动技术持续创新与产业化。

设立未来产业先进技术应用母基金和前沿科学公益基金会，可为未来产业的科技攻关提供坚实的资金保障，加快技术突破与产业化进程。实施未来产业青年创新人才政企联合资助计划，可培育一批具备创新能力和实践经验的高端人才，推动区域科技创新与产业创新深度融合。资金和人才的深度融合，将为区域未来产业的发展注入强大的动力，推动区域经济实现高质量的转型升级。

五、构建"揭榜挂帅""赛马""揭榜险"相结合的前沿科技攻关机制

随着科技的飞速发展，前沿技术的突破已成为提升国家和地区竞争力的核心因素。前沿科技研发过程中伴随着高风险与高不确定性，如何有效降低风险、提升研发效率，并确保科技攻关项目顺利实施，成为当前科技创新体系中亟待解决的重大课题。为解决这一问题，需要构建一个多元化、灵活高效的前沿科技攻关体系。通过融合"揭榜挂帅""赛马""揭榜险"三种机制，能有力推动科技创新的深度融合，提升项目成功率，降低技术选择风险，并实现对项目失败或不可预见因素的风险补偿。

"揭榜挂帅"制度在科技攻关中的应用已被广泛验证为一种高效的激励机制。该机制通过公开发布科研项目的技术难题，吸引并激励各类科技人才和创新团队积极参与竞争。项目中标者被授予"挂帅"重任，承担起攻克技术难关的使命。这种机制能充分激发创新主体的积极性，推动科学研究取得突破性进展，还能借助市场化竞争，确保项目的高效推进与科技成果的有效转化。单纯依赖"揭榜挂帅"制度存在一定的局限性，特别是在技术难题复杂、攻关路径不明朗的情况下，单一技术路线的风险可能较高。为进一步提升"揭榜挂帅"制度的有效性，有必要将其与"赛马"机制相结合，实现多个团队在不同技术路线上并行攻关。

"赛马"机制是一种借助多方竞争实现优胜劣汰的科研管理机制。多个团队同时参与同一课题的研究，基于不同的技术路线展开并行攻关。这种机制能够有效降低单一技术路线选择的风险，特别是在前沿科技领域，技术路线的不确定性较大，多团队并行研究能够为决策者提供更多技术选项，从而提高项目成功的概率。"赛马"机制的优势在于能够加速科研进程，减少因技术选择失误导致的资源浪费。通过多团队竞争模式，不仅能增强项目的创新性，还能提高科研经费的使用效率，避免科研投入的低效与浪费。各团队在攻关过程中，通过不断优化技术方案、相互借鉴与改进，形成良性竞争，最终实现技术突破。

将"赛马"机制与"揭榜挂帅"制度相结合，科研项目能够在同一技术难题下并行推进多个方案，从而加速技术的成熟与应用。若某前沿科技项目被多个团队同时攻关，可通过阶段性评估与技术对比，选择最佳技术路线进行后续投资与支持。这种机制能够有效规避单一团队因技术路线错误或进展缓慢导致项目失败的风险，提升整体科研的成功率。

尽管"揭榜挂帅"与"赛马"能够显著提升前沿科技攻关的成功率，但科研项目的实施仍面临诸多不可控因素。特别是在复杂的科技攻关项目中，不可抗力因素或项目自身的技术难度过大可能导致项目失败。科研项目的资助往往依赖于企业或其他投资方，若企业因经营不善等无法继续投入资金，项目的推进将面临严峻挑战。为进一步完善前沿科技攻关体系，提高项目的风险管控能力，引入"揭榜险"这一保险机制显得尤为必要。

"揭榜险"是针对科技攻关项目风险的保险机制，旨在为因不可抗力因素导致项目失败，或企业因经营问题未能按时支付资金的情况提供经济补偿。该机制通过与区域内保险公司的合作，实现风险的分散与转移，确保项目在遭遇不可预测风险时能够得到及时的补偿与保障。若某"揭榜挂帅"项目在攻关过程中因外部因素（自然灾害、政策变动等）导致失败，或在项目完成后企业因倒闭等无法支付约定资金时，保险公司将根据项目的投入情况，向揭榜方提供相应补偿。

通过引入"揭榜险"，可为参与科研项目的团队提供更加完善的风险保障，确保项目顺利进行。对于前沿科技攻关领域的高风险项目，该保险机制能弥补资金损失，并能为研发团队提供心理安全感，使其能够更加专注于科研工作。转移风险至保险公司，能够减轻企业在科研过程中的负担，提高其参与前沿科技攻关的积极性。该保险机制还能够对科研项目的实施情况进行监督与管理，确保资金的合理使用与项目的顺利推进，从而为科技创新提供更加有力的保障。

将"揭榜挂帅""赛马""揭榜险"相结合，有助于构建一个更加完善、系统的前沿科技攻关体系，形成多层次的风险管理与资金保障机制。这一体系能够为前沿科技项目提供全方位的支持，既能促进技术创新的多元化与深入发展，又能确保项目在实施过程中遇到困难时有充足的资源应对。通过多方协同合作，在资金、技术、人才与风险管理等方面形成合力，能够显著提升科技攻关的成功率，推动前沿科技的突破与广泛应用。

构建"揭榜挂帅""赛马""揭榜险"相结合的前沿科技攻关体系，是推动科技创新与产业突破的重要举措。通过将"赛马"机制与"揭榜挂帅"制度相结合，能够提升项目成功率，降低技术选择风险，并提高科研经费的使用效率。引入"揭榜险"保险机制，能够为项目提供更加稳定的资金保障，降低不可预见风险带来的负面影响。

六、培养和壮大企业成果转化主力军

从高新技术产业结构升级的实证效果来看，技术成果的市场化运作和高新技术产业化发展在科技成果转化赋能产业结构升级中发挥着至关重要的作用。由此可见，培养和壮大企业成果转化主力军，提升科技成果转化示范区的水平，能够加快科技创新产业生态集群的构建速度。

（一）加强打造概念验证平台，打通科研成果和成果转化衔接的最初一公里

概念验证（proof of concept，简称POC）旨在降低规模化研发、生产或销售的资源投入风险，配置海量资源，开展早期方案、初步成果、预想模式的技术化与商业化可行性验证，并通过吸引再投资，以消除科技成果转化的一系列障碍。概念验证中心以验证目标为核心，主动将资本、人才、成果和场景等转化要素与项目进行匹配，提高挖掘速率，进行层层筛选，为各类创新主体在科技创新转化全链条上向下一环节推进，提供必要的试错机会及熟化方案，帮助科研人员和科研团队扎实迈出科技成果转化的"第一步"。

2017年，国务院首次提到概念验证。2022年，科技部印发《"十四五"技术要素市场专项规划》，其中明确提出对科技成果概念验证、中试、产业化等不同阶段采取差异化的金融支持方式。党的二十届三中全会明确指出"加快布局建设一批概念验证、中试验证平台"。

在全球范围内，开展概念验证活动较早的国家或地区有美国、欧盟、新加坡等。冯·李比希创业中心和德什潘德技术创新中心均借助研究型大学雄厚的科研实力，拥有诸多尖端医疗成果，同时有实力雄厚的天使投资人及风险资本家网络关系，其能将种子资金与咨询服务和教育培训结合起来，连接创新者、合作网络和外部资金。2007年，欧洲研究理事会支持前沿学科和交叉学科的研究，以及新兴领域与新技术的开拓性探索。2008年，新加坡国立研究基金会启动概念验证资助计划，鼓励高校及科研院所将基础研究成果进行有效转化并用于产业化发展。

接下来从学者研究、委员提案、实践推进三方面探讨研究现状。学者研

究主要集中在两个方面：第一，对以美国为代表的发达国家概念验证中心建设的经验进行全面而系统的梳理，从而提炼出对中国的启示；第二，依托具体案例，如概念验证中心建设、城市发展典型案例等，提出概念验证活动结构及其运行机制。委员提案主要集中在对概念验证中心建设的政策细分及设立专项资金、创新科技金融体系等方面。委员提案所涉及的诸多内容均在实践中有条不紊地向前推进。从实践推进来看，概念验证中心在项目来源、运行经费、服务管理等方面构成政策矩阵，在概念验证项目申请、项目筛选流程机制、项目验收等方面积累了大量宝贵经验，各地区将重点产业作为重要发力点，通过创新投资、人才引培选拔、灵活政策、项目对接、成果推介等多个方面疏通产、学、研、用、投各个环节。

概念验证中心与高校、企业间存在紧密联系，其相互逻辑关系如图5-1所示。

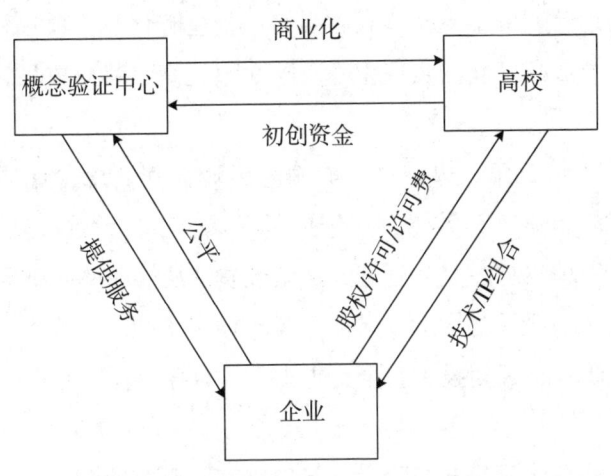

图 5-1　概念验证中心与高校、企业的逻辑关联

由图 5-1 可知，概念验证中心可为高校提供商业化验证，为企业提供成果转化相关服务；高校可为概念验证中心提供初创资金支持，为企业提供技术支持；企业能为高校提供股权和各种许可，为概念验证中心提供公平的实践环境。

概念验证中心通过各种方式为企业提供相应服务，如可借助成功的和高增长的初创公司的有效资源及经验，提升项目人员的经验及项目管理能力。高校可为企业提供各种技术支持，如让具有科研能力的教师参与企业的科研项目。

近些年，北京、河北、山东、陕西、福建、浙江、广东、海南等省市集中发布了一系列相关政策，通过支持概念验证中心的建设或运行，同时加大遴选与各地主导产业相关的概念验证项目的力度，推动区域科技创新有效转化为产业发展的核心竞争力。

2022—2024年长三角的63家概念验证中心，2024年京津冀的30家概念验证中心，河北省的13家中试熟化积累了大量宝贵的经验。

长三角省市概念验证中心数量在全国位居前列，除安徽省以外的两省一市均已进入大规模推进阶段。进一步对长三角地区2022—2024年概念验证中心的项目运行经验进行研究，可以发现，上海、浙江、江苏在概念项目验证政策、市场运营、资金支持、人才引培、企业孵化及立项管理结束验收等方面已形成科技成果转化的良好生态。这大大提高了科研成果转化及产业化的速率。

在京津冀、长三角、粤港澳、成渝等区域，其概念验证项目能适用于省、区、市三级政策，其转化方式包括但不限于项目筛选、企业孵化立项、公司化运营、管理执行、服务管理、运营经费、资金审核、案卷分析、项目验收、项目路演、项目对接、成果推介及转移转化中心合作等，其经验做法包括人才选拔激励、天使投资基金、重点关注种子基金、设备共享、人员保障等。

技术创新链具体分为五个阶段：基础研究、概念验证、工作样机、工程化及生产线。基础研究与产品开发间的"死亡之谷"主要包括概念验证、工作样机、工程化及生产线四个阶段，而概念验证是突破"死亡之谷"的关键环节。科技创新成果的最终落地，至少需要经历科研阶段（基础研究）、成果转化创新阶段（应用研究和开发研究）、产业化阶段（规模生产）三个阶段。而在科研到成果转化、成果转化到产业化间存在着"死亡之谷"，如图5-2所示。

第五章 科技成果转化助推产业结构升级

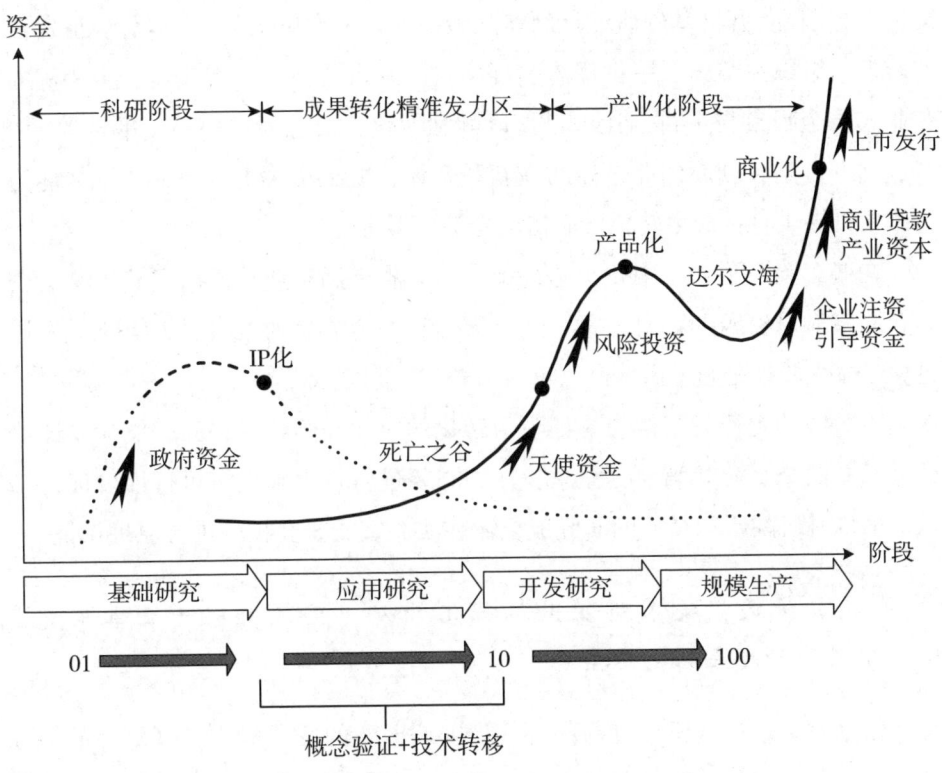

图 5-2 科技创新成果落地各阶段示意图

2023年12月底,京津冀三地发布《京津冀概念验证平台和中试熟化基地清单(第一批)》,天津和北京分别构建了18家、12家概念验证平台,河北省构建了13家中试熟化基地(见附录)。自此,京津冀地区创新主体能够更好地开展科技成果转化及产业化工作。

2022年6月21日,中关村科学城-北京大学第三医院临床医学概念验证中心成立,该中心是国内首个基于医院建设的临床医学概念验证中心,其与北京天智航医疗科技股份有限公司、北京纳通科技集团有限公司、巢生源科(北京)科技管理有限公司等第一批"海淀组团"企业建立起长期合作关系,并完成了第一批概念验证项目的遴选和立项工作,合计资助了20个项目,总资助金额将近1000万元。

2024年4月,河北省出台了《河北省基础研究计划概念验证项目实施方案》，在全国首开"基础研究计划概念验证项目试点单位"，在概念验证资金支持下，组织并实施了一批概念验证项目。来自科技园、孵化器、企业等的专业人员全程参与项目，让项目得以顺利转化。概念验证中心（平台）、中试熟化平台是各创新创业主体的最新联合体，能聚集大批专业人才，并能为具体项目提供科技成果转化所必需的全流程服务。

在概念验证平台（中心）建设上，河北省借助产业技术研究院、龙头企业和北京科研资源的科研力量，在空天信息、合成生物、机器人等研究领域建立了概念验证平台。

由国内外先行省市概念验证项目转化的成功经验可以得知，概念验证项目主要有两个来源：第一，概念验证中心要进行技术和经济可行性验证；第二，来自科研院所和企业的研究成果需在实验室或研究机构进行原理认证。

（二）构建"技术研发＋工程化开发＋中试熟化＋企业孵化"一体化的科研成果转化体系

鼓励龙头企业探索"创新中心＋产业联盟"的发展模式。以龙头企业为核心，引领带动相关联的其他企业，借助以点带面的示范效应，促进整个产业链和创新链的发展。鼓励企业积极吸收和运用各种国际科技创新资源，开发具有广阔市场前景的创新型产品。

有效引导科研人员深入高新技术企业，通过调研、访问等方式，了解各地区主导产业及龙头企业最迫切的技术需求及其他需求。高校和科研单位应积极与高新技术企业进行精准对接，将科技成果转化中的理论与实践进行有效结合。

科技特派员是科技人才下沉基层，实施乡村振兴战略的骨干力量。河北省委、省政府对科技特派员工作极为重视。2020年，河北省政府办公厅印发了《关于全面深入推行科技特派员制度的实施方案》，而后，河北省科技厅又制定了《河北省科技特派员工作补助资金管理实施细则（试行）》《河北省科技特派员管理办法（试行）》。出台的几个重要文件坚持问题导向，将改革创新深入且细化，壮大了创新队伍的规模，进一步优化了服务环境，有了更为坚实的基层支撑，完成了省域范围内科技特派员工作制度体系的构建。

建立科技特派团是河北省坚持和深化科技特派员制度的一项重要举措，科技特派团在一体化科研成果转化体系中起着重要的推动作用。河北省统筹创新资源和科研力量，多部门进行协同联动，针对专精特新"小巨人"企业具体的技术需求，对接省内外科研院所相关领域专家及高校高层次人才，组团进驻企业开展"一对一"帮扶，让企业与专家成为"联合体"。

企业科技特派团工作制度能促使创新成果实现需求的定向定制，将产业、资金、人才等创新的关键因素连接在一起。截至2024年7月，河北省在基层一线活跃的科技特派团有306个，帮助专精特新"小巨人"企业搭建各级各类创新平台288个，累计帮助相关企业攻克核心技术难题551项，完成科技成果转化246项，获得1723项授权专利，助推企业加快抢占新赛道的步伐，塑造自身发展的新优势。

针对企业在发展中遇到的各种技术难题或发展瓶颈，科技特派团遴选出科研技术领先、专业契合度高的高层次人才，与企业的具体需求进行精准匹配。在促进深度整合方面，河北省每年都会对科技特派团工作进行绩效评价。河北省比较重视排名前30%的科技特派团及其所服务的企业，为其提供惠企政策保障、金融支持和科技特派团奖励等方面的支持。

河北省内高校及科研院所还在岗位聘任、职称评定、考核评价等方面给予科技特派团成员各种支持，将科技成果转化业绩纳入教师职称考核、绩效考核、岗位考核指标中。对作出重大贡献的省外专家，河北省在科学技术合作奖提名和评审等环节，在同等条件下，会有所倾斜。

（三）构建高新技术企业创新联合体

企业主导的创新联合体是实现国家科技发展重大突破、促进产业链与创新链深度融合的重要载体。因此，应立足全球前沿科技竞争新动态和未来产业发展新趋势，聚焦国家战略需求，强化企业创新主体地位，加快构建企业主导的创新联合体，推动产学研深度融合，为培育发展新质生产力提供关键支撑。

1. 加强顶层设计与统筹规划，充分发挥新型举国体制的优势

各级政府应当加强顶层设计与统筹规划，聚焦国家战略需求与未来产业发展新趋势，着力打造企业主导的创新联合体。政府要利用新型举国体制的统筹协调和组织动员能力，系统性完善科技创新体制机制，打通影响新质生产力发展的堵点、卡点。政府还需制定企业主导的创新联合体的专项规划和工作指南，瞄准新一代信息技术、新能源、新材料、生物医药等重点产业链，为培育发展新质生产力奠定坚实的物质技术基础。

市场应在资源配置中发挥决定性作用，通过需求牵引来实现创新资源的有效配置。市场需要充分对接政府出台的高标准市场体系建设政策，为各类科技型企业提供广阔的需求空间与发展机会。市场通过发挥价格机制和竞争机制的作用，促进企业互相协同与深度耦合，从而形成企业主导、多方合力的创新生态。

2. 强化各类企业创新主体地位，完善创新联合体治理机制

科技骨干型企业应当在创新联合体中发挥"链主"引领作用，主动聚焦关键核心技术、产业共性技术以及颠覆性和前沿技术。科技骨干型企业要承担国家重大科技项目，整合优势资源，组建体系化、任务型的联合体，为建设科技强国注入持续动力。科技骨干型企业需要与政府、科研机构等共同完善协同创新治理机制，以明确的攻关目标、合理的任务分工、严格的绩效考核提升整体研发效能。"专精特新"冠军企业应当紧扣前沿技术研发与新赛道布局，重点提升科技竞争力并带动全要素生产率提升。"专精特新"企业可通过开放创新合作模式融入产业链和创新链，主动与"链主"企业、高校和科研院所对接互补。中小企业应该在这一过程中争取更多赋能与支持，形成多方协同联动、融通创新的良性循环，进一步丰富创新联合体的多元化结构。

高校和科研院所应开放创新资源，引导学术研究朝着应用价值与产业需求靠拢。高校和科研院所需要在知识产权管理、成果收益分配和风险评估中提供专业化方案，为整体创新效率提升提供制度保障。高校和科研院所要与

"链主"企业和"专精特新"企业共同建立风险共担机制,提供容错机会,合力探索更多颠覆性的创新路径。政府与企业应当联合构建全链条、全方位的政策服务体系,为创新联合体量身定做"政策包"。政府要在资金扶持、税费优惠、知识产权保护及人才激励方面完善配套措施,为创新联合体提供良好的政策环境。企业要积极使用这一"政策包"来高效配置科技资源并快速推进成果转化,切实把政策优势转化为技术优势和产业优势。

各方协同应当形成递进式的创新氛围,通过知识溢出与技术扩散促进更多企业融入创新联合体。各级政府要对创新联合体运行进行动态监测与评估,及时优化制度设计和激励措施。企业与科研单位要持续完善协同创新治理流程,实现创新目标与产业效益的双重提升。在这一过程中,只有持续强化企业创新主体地位、不断优化科创营商环境,才能有效培育新质生产力,加快实现国家科技发展的重大突破。

3. 打造区域开放创新生态系统,充分利用国内国际两个市场、两种资源

各地区需要基于自身资源禀赋与产业定位,推动企业主导的创新联合体深度融入国内国际双循环,充分释放大规模市场与强大生产能力的协同效应。政府应当持续优化区域发展战略,依托统一大市场建设引导产业链与创新链跨区域布局,着力培育具备高竞争力的领军企业与"链主"企业,并通过完善区域科技创新能力统筹发展体系,搭建跨区域合作机制,为企业主导的创新联合体跨层级、跨领域合作提供制度保障。政策制定者需要不断推进高水平对外开放,通过积极参与全球科技治理与强化多边科技合作,用好国内国际两种资源,鼓励企业以多种形式"走出去"融入全球创新网络,吸纳海外高水平科研院所、高校和高科技企业参与国内创新生态建设,促进技术转移、资源共享与管理经验交流,为新质生产力的持续跃升注入源源不断的国际动能。相关部门要以RCEP为契机,对标国际先进规则与标准,围绕战略性、前瞻性领域搭建跨境创新联合体,在多边合作层面构建互利共赢的深度协同模式。

4. 推动"多链"深度融合，完善科技成果转化机制

企业必须紧紧围绕产业链部署创新链，针对关键环节发力攻关，将科技创新成果切实应用于产业链上下游。各类型企业可以以搭建协同研发平台、共建实验室和技术入股等多种形式为抓手，积极参与或主导创新联合体建设，并通过开发研究、中间试验与产业化的系统衔接，构建兼具前沿突破与规模效益的创新循环。金融机构应当强化资金链的催化功能，不断完善科技金融服务体系，引导资本市场多元要素向创新联合体集聚，形成"科技—产业—金融"的高水平循环，为前沿研发与成果转化提供持续助力。教育部门与科研管理机构需要依托创新联合体建设推动教育、科技、人才有机融合，通过战略科学家和一流科技领军人才的引领效应，打造能够适应新质生产力需求的多层次人才队伍，促使各类科研力量全链条融入成果转化。数字经济管理者应当深挖数据要素的乘数效应，加快中试平台与试验验证环境建设，将海量数据与传统生产力要素有效对接，以解决科技成果落地的"最后一公里"难题。企业、高校和科研院所要围绕数据资产共享、算法优化以及应用场景迭代进行紧密协同，努力催生更多兼具技术先进性与产业价值的创新成果，为新质生产力全面跃升提供强大动能。

（四）强化技术人员队伍建设并促进校企间的精准对接

通过高校及科研机构的人才资源，设立国家技术转移人才培养基地和管理技术转化人才队伍的综合性平台，有效连接高校优秀科研成果供给与高新技术企业需求两端。

科技创新的一个关键性因素即科研技术人才。加强科研技术人才的队伍建设，建立起老中青的人才梯队，是人才队伍建设的一个重要措施。对于不同水平及层次的人才，应采用不同的培养策略，以提升不同层次人才的科研能力和水平。

教育部在2022年牵头，与工业和信息化部、国家知识产权局等部门合作，共同推动了"千校万企"协同创新伙伴行动的实施。在此行动中，共有500余所高校与超过2000家企业参与，收集了超过3500项技术研发需求，

成功促进了企业与高校的精准对接，并解决了多项技术研发难题。

科技创新是一个系统性工程，需要高校与企业发挥不同但互补的功能。高校提供的前瞻性研究为企业带来了技术思路和解决方案，而企业提供的市场信息与资金支持有助于降低高校的研发风险，加速技术成熟和产品化进程，实现技术创新"从0到1"与"从1到N"的跨越。

生产一线所面临的关键科学问题及企业的技术需求不断促进高校进行需求导向的科研活动，推动高质量的科研成果转化，并对教学与科研活动产生积极影响。在新形势和新要求下，高校和企业通过双向发力，促进了更多原创性和颠覆性的科技成果产生，实现了成果供给与企业需求的精准对接。

近年来，地方政府在实施创新驱动发展战略、塑造区域发展创新动能方面展现出强烈的意愿和提供了有力的政策支持。金融机构的参与能有效解决高校和企业在创新项目初期缺乏资本、中小企业融资难等问题。高校应主动与企业对接国家战略需求，积极争取地方政策支持，通过合作共建新型研发机构和参与高新技术产业园区的建设，推动原始创新成果、先进技术与优质产品更好地服务于区域发展。在合法合规、严控风险的前提下，应引入金融机构支持科技成果的转化。通过多种金融工具和服务，能推动更高质量的校企合作，并发挥金融创新对科技创新的促进作用，为新质生产力的发展提供强大动力。

七、提升科技成果转化示范区的水平

在国家层面，提出了科技成果转化示范区建设的政策方向，通过试点的先行先试的示范效应，有效提升科技成果转化的有效性。此外，还应侧重科技成果的有效转化或与地方产业深度融合，以促进产业结构升级。在进行科技成果转化示范区建设的过程中，虽然已显现出一些成效，但仍有一些制约因素影响科技成果转化的推进。

从一些具体的实践中发现，应当对科技成果转化的发展方向指导性举措进行进一步的细化和调整，让科技成果转化示范区建设有更明确的细化步骤作为参照依据。各示范区之间应加强沟通交流，及时分享建设中的经验和有

效做法，及时发现并总结存在的共性问题，总结并推广成功经验及模式，最终实现示范区互利共赢。

对于科技创新和科技成果转化活跃度不高的地方，政府或相关部门应积极引导其以市场为导向，侧重于科技型企业，加快科技成果转化项目的建设进度。各地区借助国家对科技成果转化的支持，形成一批新的业态及产业，积极对接国家重大技术成果库。各地区对一些具有深远影响的国家重大科技成果转化专项，要将其集聚并真正落地实施，由此形成科技成果转化的集中承载地。

各地区应针对自身的主导产业开展科技成果转化，利用关键技术清单，培养壮大一批优秀的示范企业。科技成果转化示范区应借助各种方式吸引和集聚科技创新人才和科技服务人才，以提高科技成果转化的速度，促进产业结构升级。

第六章　科技创新驱动产业结构升级与经济增长

第一节　完善产学研一体化创新模式

一、营造良好的政策环境，促进产学研结合

为了推动产学研深度融合，政府需精心设计与执行一系列扶持政策。这些政策包括但不限于构建专利成果激励机制、为投资高等教育机构的企业提供税收优惠，以及对高新技术风险企业实施税收豁免。政府应着手建立专利成果激励机制，此机制旨在表彰那些在科研活动中取得重大突破并成功申请专利的个人或团队。奖励形式既包括一次性资金奖励，也包括探索长期利益共享模式。此机制能够激发研究人员及企业的创新热情，加大创新资源投入力度，并增强其将科研成果转化为实际应用的动力。

针对那些积极投资高等教育机构的企业，政府应提供税收优惠政策。此类政策有助于减轻企业的财务压力，还能吸引更多企业参与到高等教育的资金投入中。这类投资是企业与高校携手，共同培育专业人才，推进科研项目的长期战略投资。税收优惠政策为这种企业与高校的合作提供了初期的经济支撑，有效降低了企业的投资风险。

对于被认定为高新技术风险企业的组织，政府应实施税收豁免政策。这些企业往往处于初创阶段，需将大量资金投入产品开发与市场推广。税收豁免能够减轻其经济负担，并能激励更多投资者关注这些高风险但潜在回报丰厚的项目。政府在制定相关政策时，需全面考虑产学研合作的多元化需求及潜在效益。通过构建专利成果激励机制、为投资高等教育机构的企业提供税收优惠以及对高新技术风险企业实施税收豁免等措施，能够有效推动企业、

高等教育机构与研究机构之间的深度合作,进而加速科技创新与成果转化,为经济社会发展提供坚实支撑。

二、建立负责区域交流的专门机构

为了加速科技创新与产业发展的深度融合,要完善产学研一体化创新模式。在此背景下,构建一个专注于区域交流的专门机构显得尤为迫切,这能够促进资源的高效整合,还能激发各参与方的创新潜能,进而实现协同创新的总体目标。

完善产学研一体化创新模式需从多维度进行深入分析。在现代经济体系中,产学研合作已被证实为驱动技术进步与产业升级的关键路径。现有的合作模式仍存在一些问题,如合作机制僵化、创新资源配置失衡、信息交流与共享体系不健全等。对此,需从制度与结构两个层面着手改革。在制度层面,应探索建立更为开放和灵活的政策框架,降低合作门槛,提供税收优惠、资金支持等激励措施,以吸引更多企业积极参与产学研合作。在结构层面,需优化产学研合作的组织架构,组建跨学科研发团队,促进高校、研究机构与企业间的人才与技术流动,加强产学研用联盟的构建。

要想强化区域间科技与产业的交流合作,专门负责区域交流的机构不可或缺。该机构将作为区域间沟通的桥梁与纽带,负责协调与整合区域内外的科技资源与产业链。该机构可定期举办科技论坛、产业对接会等活动,为不同区域的企业、高校及研究机构搭建资源共享、思想交流与合作探讨的平台。该机构还需承担监测与评估区域合作成效的职责,根据反馈调整合作策略与政策导向,确保资源优化配置与合作效益最大化。深化区域合作需构建有效的信息共享机制,信息作为现代经济的重要资源,其时效性与准确性直接关系到决策质量与创新速度。新成立的机构应着手建设一个全面且高效的信息共享平台,广泛收集并发布科技动态、市场需求、政策导向等相关信息。此平台有助于各合作主体紧跟市场趋势,更能在全区域内促进知识的传播与技术的迭代升级。

完善产学研一体化创新模式及建立负责区域交流的专门机构,是推动区域经济与技术进步的关键举措。这既需要政府层面的政策支持，也离不开社会各界，尤其是企业、高校及研究机构的广泛参与和紧密协作。通过这种全方位的合作，可有效构建一个互利共赢的创新生态系统，为区域乃至国家的经济社会发展提供坚实支撑。

三、建立科研成果推广宣传的专门机构

在当前科学技术迅猛发展的时代背景下，科研成果的有效传播与实际应用对于推动社会进步与经济发展具有举足轻重的作用。引导高等院校与科研院所设立专门的科研成果推广宣传机构显得尤为关键。此类机构，诸如企业项目咨询公司、大学专利机构等，不仅能促进科研成果的商业转化与实践应用，还能显著增强学术成果的社会影响力。

科研成果推广宣传机构发挥着桥梁与纽带的作用，助力科研成果转化为实际生产力。在传统模式下，众多科研成果往往停留于理论研究层面，难以转化为实际产品或技术应用，这种"科研与生产脱节"的现象阻碍了科技成果价值的最大化实现。通过构建专业的推广与宣传机构，如企业项目咨询公司，能够为科研成果的应用提供精准的市场分析、商业模式构建、资金对接等全方位服务，加速科技成果的市场化进程。

大学专利机构的设立是科研成果推广的又一有效途径。专利是科研成果商业化的重要保障，通过专利保护，可以有效防止科技成果被非法侵占，维护研发者的知识产权，进而激发科研人员投入更多热情与资源进行科研创新。大学专利机构作为高等院校内部的专利管理与服务专业机构，负责管理与运营学校师生的发明创造，处理专利申请、专利运营等相关事务，这不仅能提升专利申请的效率，还能增强专利的商业价值。

建立科研成果推广宣传的专门机构，能优化科研资源的配置与利用。这些机构通过对科研成果的筛选、包装与推广，能够将有限的科研资源向具有高成长性与市场潜力的研究成果倾斜，从而优化资源配置，提高科研投入的经济效益与社会效益。这些机构能借助组织各类科研交流活动、研讨会等，

构建广泛的科研合作网络，促进不同研究领域与行业间的信息交流与技术融合，为科研创新营造更为丰富多元的外部环境。

四、增强区域创新能力

在当前全球化竞争日益加剧的背景下，区域创新能力的强化成为驱动地方经济发展与科技进步的核心因素。在原有重点研究领域的基础上，借助纵向拓展产业链，提升区域创新能力，不仅能加速知识向实际应用的转化，还能促进经济的高质量增长。

强化区域创新能力需在现有研究与技术积累的基础上进行深化与拓展。各地区应充分利用自身的科研机构与高等院校资源，发挥其在基础研究与应用研究中的引领作用，并加强与地方企业的合作，构建高效的产学研协同创新体系。这种合作涵盖传统意义上的技术支持，以及市场分析、产品设计、试验验证等多维度的交流与合作，以确保科研成果能够迅速转化为实际应用，进而提升区域的整体技术水平与竞争力。

通过产业链的延伸，可以实现产业的深度融合，形成涵盖原材料供应、产品设计、生产制造、销售与服务等环节的完整产业生态。在此过程中，各环节间的紧密衔接能够显著提升资源利用效率，加速创新成果的产业化进程。电子信息产业通过与软件开发、云计算等行业的融合，不仅能提升产品的附加值，还能为企业开辟更广阔的市场空间，带来显著的经济效益。区域内的资源整合还能吸引更多外部投资，进一步增强区域的创新实力与市场竞争力。

强化区域创新能力还需注重人才培养与引进。创新活动离不开高水平人才的支撑，若缺乏优秀的人才队伍，创新活动将难以持续。地方政府及相关机构应制定更为灵活的人才引进政策，提供具有吸引力的工作条件与生活环境，以吸引国内外顶尖的科研人员与技术专家。加强与高等院校的合作，培养符合地方产业发展需求的应用型人才，为区域创新提供源源不断的人力资源保障。

在原有重点研究领域的基础上，通过纵向拓展产业链、加强产学研合作、重视人才培养与引进的方式，可以有效提升区域创新能力。这有助于推动地方经济转型升级，为国家的科技进步与社会发展作出重要贡献。区域创新能力的提升应成为地方政府、科研机构、教育机构及企业等多方共同关注与努力的方向。

第二节　加强经济增长软环境建设

区域经济增长需要创新驱动的制度环境作为保障，这对于吸引创新人才和促进创新企业发展极为重要。

一、开展科技劳动者的合作交流

科技劳动者作为推动科技创新与技术进步的核心力量，其研究领域的未知性与资源的有限性要求采取更为开放与协同的创新模式。与多个科研机构的深入合作，可突破单一研究团队在资源与知识上的局限，还能为区域经济的转型与发展提供坚实的科学支撑与智力支持。

分析科技劳动者合作与交流的必要性。在科研活动中，单一研究团队常面临知识、技术、人才及资金等方面的制约，这些制约成为制约科技创新的关键因素。而科技劳动者之间的合作与交流，能够整合各方优势资源，形成互补与协同，从而推动科研项目向更深层次发展。不同研究机构在科研设备、实验材料、人才专长等方面各有侧重，借助合作可以实现资源的最优配置，提升科研效率与质量。跨学科的合作与交流还能促进不同领域知识的融合，激发新的科研灵感，增强研究的创新性与前瞻性。

有效的合作与交流不仅依赖于良好的外部环境，更需内部管理与机制的支持。构建稳定的合作平台是合作与交流的基础。相关部门可以通过设立联合实验室、研究中心或技术创新平台等，为科技劳动者提供交流与合作的场所与设施。制定明确的合作规则与激励机制至关重要。合作双方需在产权归属、资金投入等核心问题上达成共识，以确保合作的公平性与互利性。组织研讨会和技术交流活动，定期汇聚科技劳动者，分享最新科研成果与技术进展，促进信息的开放与共享，均能有效加强经济增长软环境的建设。

科技劳动者的合作与交流不仅能提升科研水平，还能直接促进区域经济转型升级。科研合作往往围绕区域面临的实际问题与发展需求展开，研发的新技术、新产品可直接应用于区域产业升级改造。合作研发的新能源技术、智能制造系统等，可助力传统产业实现技术革新，提升生产效率和产品质量，增强区域产业的核心竞争力。科技劳动者的合作与交流也有助于优化区域的人才结构，吸引和培养更多高层次的科研人才，为区域长期发展提供坚实的人才保障。通过合理策略的实施与良好外部环境的构建，可以有效整合科研资源，提升研究水平，同时为区域经济提供强有力的技术支撑与智力支持，推动区域经济持续健康发展。

二、构建体系完善的知识产权法律制度

在全球化与技术创新快速发展的背景下，知识产权保护成为推动科技进步与文化繁荣的核心因素。知识产权是创新活动的直接成果，也是经济发展的重要驱动力。构建一个全面系统的知识产权法律制度，特别是在发达地区的基础上，于各区域设立知识产权法院，专门负责审理专利、新产品、新设计、新发明或新技术等相关知识产权案件，对于维护法律公正、激励技术创新、保障创作者权益具有深远意义。

一个全面系统的知识产权法律制度应涵盖完备的法律框架、严密的执行机制与高效的司法审判体系。法律框架的完备性体现在明确的法律规定与广泛的保护范畴上，能够全面覆盖各种类型的知识产权，如专利权、著作权、商标权等。此框架需与国际法律标准相衔接，以便于跨国合作与国际贸易顺畅进行，同时需结合本国实际，确保法律的适用性和实效性。严密的执行机制包括知识产权的注册、监测、侵权判定及权益维护等环节，这种机制需高效运行，以确保知识产权得到及时且公正的处理。高效的司法审判体系通过设立专门的知识产权法院，采用专业化与专门化的审判流程，确保对知识产权案件的精准裁决与迅速执行。

设立区域性知识产权法院不仅能提升知识产权案件的处理效率，还能借助专业化的审判团队，增强判决的专业性与准确性。区域性知识产权法院能够针对地区内的特定需求与实际情况，提供定制化的司法服务。针对某些地区科技快速发展且专利申请量大的特点，可借助设立此类法院，加速专利审理进程，有效缓解普通法院的工作压力。区域性知识产权法院还有助于提升公众对知识产权重要性的认知与尊重，借助公开审判及判决结果的广泛传播，营造社会保护知识产权的整体氛围。

构建全面系统的知识产权法律制度还需加强国际合作。在经济全球化背景下，知识产权保护成为国际社会共同关注的领域。借助与其他国家和国际组织的合作，可以共享成功经验，协调立法与执法标准，共同打击跨国知识产权侵权行为。加强国际合作还有助于推动国际贸易与投资，为本国企业在海外拓展提供法律保障，同时保护外国投资者与创新者的合法权益。

三、关注创新人才的收入分配结构

在当前经济发展的进程中，创新人才的作用日益凸显。收入分配不均与贫富差距问题仍旧存在，这既影响了社会的整体和谐，也影响了创新活力的充分释放。

解决收入分配不均的问题，是确保创新人才持续贡献的重要前提。当前，经济增长的成果未能实现公平分配，导致贫富差距不断扩大。这一现象在一定程度上抑制了社会的整体创新能力，因为创新活动的持续开展需要合理的经济激励作为支撑。改革收入分配机制，实现资源更为公平合理的配置，是破解这一难题的关键所在。对此，可借助增强税收制度的累进性，加大对高收入群体的征税力度，并借助政府转移支付手段，增加对低收入群体的扶持力度，从而缩小贫富差距。

打破产业垄断，是激发创新内在动力的关键举措。在诸多关键领域与行业中，垄断或寡头控制的现象屡见不鲜，这阻碍了市场的公平竞争，也抑制了创新的活力。通过制定科学合理的反垄断法律法规与政策，促进市场公平竞争，能够为创新型企业提供更多的发展机遇。在此过程中，政府应发挥关键的调节作用,既要有效遏制市场垄断行为,也要借助政策引导与支持,助力中小企业与创新型企业蓬勃发展。

软环境通常涵盖政策、文化、服务与法律等非物质因素,这些因素对创新企业与人才的选择与留存具有重要影响。要想改变软环境,可采用以下措施:优化行政审批流程,提升公共服务的效率与质量,加大知识产权的保护力度,以及营造开放包容的文化氛围。通过这些举措的实施,能够吸引外部创新人才的流入,也有助于本地人才留存与成长。

创新人才是推动经济发展的核心驱动力。他们通过持续的研究与实践,推动了技术的革新与新产品的开发,这对于提升生产力和经济效率具有深远意义。加大对人才培养与发展的投入,构建激励相容的人才培养与使用机制,对于建设知识经济体而言至关重要。对此,可借助提供具有竞争力的薪酬福利、职业发展机遇以及广泛的社会认可,来激发人才的创新热情。通过改革收入分配机制、打破产业垄断、强化区域软环境建设等举措,能够有效地激发创新人才的内在活力,为地区经济的持续健康发展注入强大动力。

第三节 优化工业结构与明确产业升级新方向

一、发展创新型企业

在全球化和技术日新月异的当下,创新成为驱动经济发展的核心动力。特别是在传统工业较为集中的区域,借助先进技术对传统产业进行改造,加速产业结构转型与升级,成为提升区域竞争力的关键路径。

改造传统产业的重要性在于其能够显著提升产品的技术水平与附加值。传统产业,如钢铁、水泥、纺织、机械及制造业,作为许多地区工业的基础,在全球市场竞争日趋激烈的背景下,常面临成本上升、效益下滑的困境。通过引入先进工艺与技术,可以提升这些产业的生产效率与环境性能,还能提高产品的质量与创新能力,进而提升其市场竞争力和可持续发展能力。以钢铁行业为例，采用电炉熔炼与连续铸造技术，能够显著降低能源消耗与碳排放，同时提高钢材的质量与生产灵活性。

要想加速技术创新，需从多个方面着手。首要任务是加大研发投入，鼓励企业借助研发活动获取更多自主知识产权。这可借助政府提供的研发补贴、税收优惠等政策支持来实现。构建产学研合作平台，促进科研机构和高等院校的研究成果向实际生产力转化，是加速技术创新的有效手段。发展区域品牌产品，如借助地理标志产品认证，不仅能提升产品的市场认知度，还能增强消费者的信任与支付意愿，进而提升企业的盈利能力和品牌价值。

推动新兴创新产业发展对于提升地区工业的创新力与竞争力具有关键作用。新兴创新产业涵盖高技术制造业、生物技术、信息技术、新能源及新材料等领域，已成为国际竞争的焦点。发展这一产业，不仅能推动高端制造业与服务业协同发展，还能吸引高技能人才，促进科技成果的商业化与产业化。在政策层面，除提供财政与税收支持外，还应通过制定友好的行政规章与市场准入政策，为新兴产业营造良好的发展环境。

提升新型创新性工业在地区工业总产值中的比重，对于促进经济结构优化与提升地区经济整体竞争力具有重要意义。新兴创新产业通常具备较高的技术含量与广阔的市场潜力，其发展能够有效推动地区内供应链与服务链升级，引领地区经济向更高层次发展。

借助技术创新改造传统产业与积极发展新兴创新产业，是提升地区工业竞争力与推动经济高质量发展的核心举措。这不仅需要企业积极参与和创新，还需要政府的政策支持及社会各界的协同努力。

二、优化工业结构，以提高轻工业比重

2022年6月，工业和信息化部、人力资源社会保障部、生态环境部、商务部、市场监管总局联合发布《关于推动轻工业高质量发展的指导意见》（以下简称《指导意见》）。《指导意见》指出推动东、中、西、东北地区轻工业形成优势互补、协同发展的空间格局；推动轻工业加强国际合作，积极融入全球产业体系，做好自由贸易协定原产地证书签证等服务工作，提高技术性

贸易措施应对能力。《指导意见》还指出，加强对重点轻工业产品的质量监管，打击和曝光质量违法和制假售假行为，依法加强反垄断、反不正当竞争监管；加强对轻工绿色创新产品、企业先进经验做法的宣传，发布"升级和创新消费品指南（轻工）"。

在东北地区经济转型的关键时期，优化工业结构，特别是提升轻工业的占比，成为一项至关重要的战略抉择。东北地区的工业结构以重工业为核心，导致资源过度开发与环境污染问题日益严峻。适时调整工业结构，是实现区域经济可持续发展的内在要求，也是优化产业布局、增强产业竞争力的关键路径。

分析优化工业结构，以提升轻工业占比的必要性。传统的重工业虽然在东北地区的经济发展历程中发挥了重要作用，但随着时间的推移，其资源消耗大、环境污染严重等问题逐渐凸显。重工业高度依赖能源和原材料的输入，加剧了对自然资源的开采强度，还对环境造成了严重影响。随着全球经济结构的深刻调整与市场需求的变化，轻工业凭借其资源利用效率高、环境污染小的优势，在现代产业体系中的地位日益凸显。提升轻工业占比，不仅能减轻环境压力，还有助于推动产业向高附加值、低能耗方向转型升级。

探讨提升轻工业占比的路径。要实现这一目标，需从政策、技术、市场等多个层面入手。在政策层面，政府可以借助税收优惠、税收减免等措施，为轻工业的发展提供有力支持。例如，对轻工业研发投入给予财政补贴，对环保型轻工企业给予税收优惠等。在技术层面，推动轻工业技术创新，提升产品的技术含量与附加值。这可以通过加大轻工业关键技术研发投入、引进国际先进技术、促进产学研深度融合等方式实现。在市场层面，应积极扩大轻工业产品的国内外市场份额，增强其市场竞争力。这可以通过加强品牌建设、拓展电子商务平台、开拓国际市场等方式实现。

分析提升轻工业占比对区域经济发展的潜在效应。轻工业的发展不仅能促进就业，还能推动区域经济多元化发展。轻工业产业链较长，上下游联系紧密，能够带动原材料供应、产品销售、物流服务等一系列相关产业的发展。轻工业通常具有较强的市场适应性，能够迅速响应市场变化，实现经济效益的快速增长。

优化工业结构，特别是提升轻工业的占比，是东北地区适应新经济发展趋势的重要举措。通过实施综合路径，不仅能解决当前资源过度消耗和环境污染的严峻问题，还能够推动区域经济向更加可持续、高效、环保的方向发展。这一转型符合全球经济发展的潮流，也将为东北地区的长远发展奠定坚实基础。

第四节 构建创新体系并带动区域创新发展

一、创新体系构建的多维动力

创新体系在经济转型与社会进步中持续释放关键效能。研究者倾向于从资源配置、体制机制和文化基础等方面探索构建动力。政府部门在宏观层面提供政策与资金支持，产业界在市场竞争下追求技术突破与商业模式创新，高校与科研院所在学术领域不断积累理论与实验成果，金融机构和专业服务机构在投融资与中介环节实现要素整合。学术界发现多元动力相互叠加往往会对创新体系形成推动作用，研究人员若能在基础研究阶段获得持续投入，就能为后续的应用开发奠定坚实的理论基础；企业界若能在知识产权上得到良好的保护，就能激发高风险、高回报的创新潜能；地方政府若能识别地区产业特色与发展瓶颈，就能通过针对性规划引导关键资源流向潜力领域。国际合作同样在创新体系构建的多维动力中占据重要地位，不同国家与地区的科研机构通过技术成果共享或建立联合实验室等方式可以在更广范围内整合全球智慧与资本，跨国企业也在技术转让和产业布局中为创新链条注入新的活力。数字化与信息化的发展进一步放大了这些动力要素的交互效应，在线协同平台和大数据分析手段让供给与需求能够更加高效地对接，研发周期缩短与创新效率提升也随之成为可能。只有在政治、经济、社会与文化等多重层面实现综合施策，创新体系的多维动力才能被最大程度地激活。管理者若能确保知识与技术要素在多级主体间快速流通，创新观念和创业精神就能渗透到区域经济的每个细胞中，最终促使结构升级与竞争优势形成。

二、多元主体协同网络的建立路径

多元主体协同网络是推动创新体系高效运转的核心支柱。政府在资源配置环节可以发挥引领作用，其产业扶持政策与财政补贴若能向产学研结合领域倾斜，高校与科研院所便能更顺畅地与企业对接，借由市场化需求校准科研方向。企业在协同网络中扮演需求牵引与应用落地的关键角色，市场竞争使企业具有迫切的创新意愿，通过与高校共同建立研发中心或技术联盟能够减少研发风险、缩短研发周期。金融机构的资本支持与专业服务机构的咨询、孵化和推广能力也在协同网络中发挥不可或缺的作用，创投基金、科技贷款或知识产权质押等创新金融工具能有效纾解中小企业在成长期遇到的融资困难。地方政府若能准确识别区域优势与产业特色，就可聚焦差异化路径，通过搭建创新平台、鼓励企业与科研团队共建实验室等方式打造协同网络的"节点"。数字技术与平台化管理工具为多元主体协同网络提供了新型沟通渠道，各主体可以利用线上平台及时交换信息，形成更动态的联盟关系。

学术界认为，包容开放的文化氛围会让多元主体更愿意分享知识与经验，组织之间的合作也能在信任累积中不断深化。协同网络一旦具备成熟的运行机制与利益分配方式，就能在区域内形成强大的引力场，吸引全国乃至全球的企业与人才加入，最终形成规模化集聚效应。利益冲突与资源错配等风险也不可忽视，管理者若不在体制设计与公共服务方面做好制度保障，多元主体协同网络就难以长期维持。只有在制度创新与文化共融的合力下，网络中的每个节点才能成为创新体系的能量源泉。

三、区域创新发展新格局的机遇

区域创新发展新格局在全球竞争格局加速重构之际迎来前所未有的机遇。笔者认为，构建完善的创新体系能够推动产业链向高端延伸并催生更多高技术含量的就业与产出。地方政府若能结合数字经济与绿色转型等全球新趋势，便能通过生态化、数字化和国际化的战略布局在竞争中占据先机。跨区域协同也在新格局中显现出更大潜力，相邻省份或城市群在科技成果转化、人才流动和基础设施建设等层面通过联手合作可实现规模效应与资源共享，从而在更广阔的空间尺度上打造创新"极核"。企业在多元化经营与国际市场开拓时不再局限于本地资源，通过区域创新发展新格局可以更好地对接上下游伙伴，共同抢占产业链中的高附加值环节。金融机构若能抓住新格局中的机遇，就可通过设立产业投资基金或生产科技专项融资产品为前沿技术和颠覆式创新持续注入资金，同时借助大数据风控与区块链技术实现更高效、安全的资金融通。

学术界持续关注新格局的社会效应，笔者发现地方经济活力与区域文化自信在创新驱动的氛围下会得到同步提升，创新企业与人才的集聚带来经济效益，也滋养了更开放、更多元的社会生态。国际合作在这一新格局中也有望进入深水区，高水平的合作研究、跨国孵化器和海外市场推广进一步拓展了区域创新的边界。管理者在思考未来布局时需要重视制度保障、教育体系改革与绿色可持续发展等关键议题，只有将长远的社会价值纳入创新决策框架，区域创新发展新格局才能在快速迭代中保持健康与韧性。笔者认为，唯有把握时代机遇并注重全方位资源整合，各地区方能在构建创新体系中抢得先机并赢得全球竞争的主动权。

第五节　京津冀的科技创新、产业升级与经济增长策略

科技创新通过技术突破形成示范效应，促进产业升级，产业升级通过市场竞争反馈于科技创新；科技创新提高整个集群的生产效率，进而促进当地经济增长，经济增长通过需求结构的调整促进产业升级，产业升级则会对资源进行再配置，影响经济增长，这一关系如图 6-1 所示。这种闭环式的传导机制体现出科技创新对于产业集群高质量发展的价值。

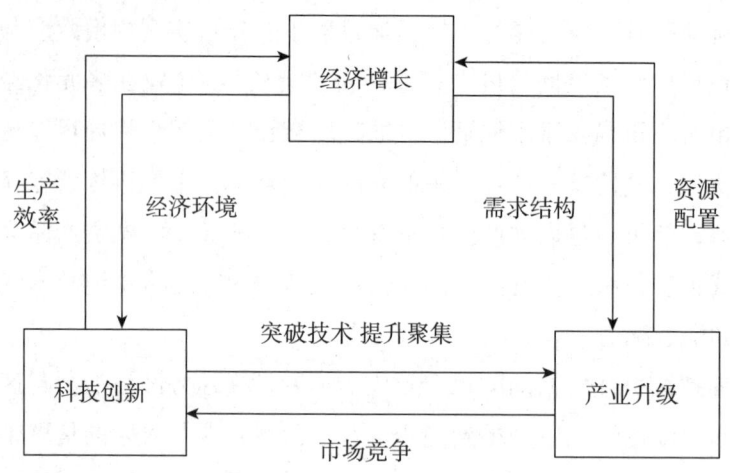

图 6-1　科技创新与产业升级关系图

产业转型升级是一项复杂的系统工程。以郑开新能源汽车为例，在推动郑开新能源汽车产业集群革新的过程中，需基于系统理论，将其划分为内部系统与外部系统两部分。内部系统主要涉及科技创新、要素投入以及发展战略等核心环节；外部系统则包括政府环境、发展环境等外部要素（图6-2）。

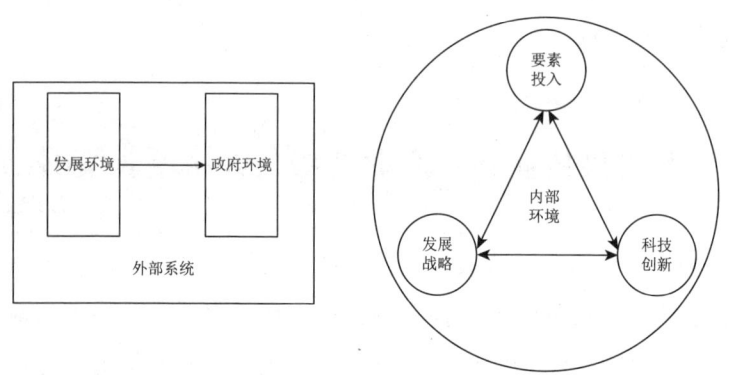

图 6-2　产业转型升级模型

在京津冀区域科技创新、产业升级与经济增长中，两个或三个子系统间的耦合协调度为中级协调耦合，其整体的耦合协调发展已达到一定水平。京津冀三地找准自身定位，结合自身优势，在发展科技创新与产业升级的基础上，处理好科技创新、产业升级与经济发展三者的关系，对促进京津冀区域整合发展发挥着重要作用。目前，京津冀地区的耦合协调度尚处于中级阶段，仍需进一步提升发展水平。基于此背景，为促进京津冀地区科技创新、产业升级与经济增长的深度融合，本研究在深入剖析相关机制的基础上，提出了一系列政策建议。

一、加大科技资金投入，促进区域创新能力提升

在京津冀地区，科技资源短缺及不均衡分布是当前制约区域创新能力提升的主要因素。加大科技资源投入并建立资源共享机制至关重要，这是打破三地间的机制与体制壁垒，实现创新资源互通共享，从而提升京津冀整体创新能力的核心举措。

（一）加大科技资金投入，提高资金使用效率

科技资金投入不足是制约科技进步的关键因素，因为科技研发活动的顺利开展离不开充足的资金支持。近年来，随着国家对科技创新的日益重视及资助力度的加大，京津冀地区的科技发展取得了一定进展。自改革开放以来，尽管我国的科技创新水平有所提升，但基础依然较为薄弱，科技投入力度仍需进一步加大。这时，持续增强政府对科技创新的资金支持显得尤为重要，特别是在涉及民生的研究领域。国家和地方政府应鼓励并支持企业开展科技创新活动，出台相关政策减轻企业税负，使各类企业都具备进行科技创新的实力和动力，从而推动国家科技创新能力全面提升。此外，还应放宽企业融资条件，加强金融支持，引导金融资本投入，逐步构建多元化的科技投资体系，为京津冀地区的科技创新提供坚实的资金保障。当前，尽管京津冀地区的科技投入有所增加，但在促进科技创新方面的效率仍有待提升。即便投资增多，若无法有效惠及公众，也难以形成协同发展的良性循环。对此，应合理配置科研经费，提高科研项目资金的占比，提升科技资金的使用效率，通过有效利用有限的科技创新资源，最大化科技投入在科技创新中的支撑作用。

（二）重视人才培养，推动区域人才共享

科技创新的核心动力源于科技人才的培养。通过教育和知识传授，培养科技创新意识，是全面提升国家创新能力的根本所在。京津冀地区汇聚了大量高素质人才，特别是北京，人才聚集度极高。受各地区历史背景、文化差异及发展水平差异的影响，区域内人才分布呈现不均衡态势。从现有数据可以看出，北京的人才集中度最高，天津次之，河北省尽管是重要的产业基地，却难以吸引和留住足够的专业技术人才，其科研人员数量仅为北京的三分之一。这种人才供需不匹配的情况，已成为制约河北省经济发展的关键因素。

加大教育经费投入，支持教育事业发展，加强创新型人才的培养，是河北省提升创新能力、缩小与京津差距的有效举措。京津冀三地应共同加强专业人才培养，根据社会需求合理设置高等教育专业，为地区未来发展储备人才。此外，还需积极构建京津冀人才共享机制，消除因政治、经济和文化差异导致的人才流动障碍，促进地区间高层次人才的交流与合作，实现人才的自由流动。特别要增强河北省对京津科技人才的吸引能力和利用能力，确保每位创新人才的潜力得到充分发挥。

二、利用科技创新促进新兴产业发展

技术革新是新兴产业发展的主要驱动力，而持续的产品创新为这些产业的持续发展注入了活力。京津冀地区要实现长期的协同发展，关键在于提升科技成果的转化能力，并加速产业化进程。该区域应积极构建新兴产业园区，借助科技创新的力量，驱动新兴产业协同发展。

（一）加强科技成果的转化与产业化

产业升级通常表现为产值增长及产业结构优化升级。科技创新是推动产业升级的核心因素。科技创新的价值仅在其成果转化为市场认可的创新产品和服务时才能得以体现，进而推动产业结构优化升级。科技创新与产业升级

耦合发展的关键在于科技成果的有效产业化。京津冀三地需推动产学研深度融合，实现生产、教育与科研的协调互动，促进科技创新与产业升级的有效衔接，实现知识与技术创新的产业化应用。由于科技成果转化的成本较高，转化动力相对不足，导致科技成果转化的积极性有所降低，产业化率也相应下降。特别是在高校及科研机构中，由于评价体系主要侧重于科研成果产出的数量，导致对成果转化的重视程度不够。对此，应加大资金支持力度，建立有效的激励机制，支持科技成果的产业化进程，使企业和科研机构的创新成果更好地服务于公众和其他行业，从而形成科技创新的良性循环。

（二）打造新兴产业园区，推动产业协同发展

新兴产业的成长不仅依赖于创新的推动，还需要合理的产业空间布局。高新技术产业区和工业园区为新兴产业的发展提供了优越的环境。这些园区能够有效整合人才、资金和技术资源，促进企业成长，也有利于人才的培育和聚集，从而实现资源的优化配置，提升整个行业的科技创新水平。京津冀各地应根据自身的特点、优势和条件，打造一批产业链完善、具有较强地区影响力的新兴产业园区。北京应继续发挥其产业链高端的优势，天津则应深化其在产业链中高端的发展，河北则应承担起产业链下游的配套工作。三地区需优先发展各自的优势产业，如北京应充分发挥其在科技创新中的引领作用，推动新兴产业稳健发展，并成为京津冀科技创新的核心枢纽；天津应继续强化其高端制造业的优势，结合科技创新的理念，实现产业结构的优化升级；河北则应总结经济发展的经验与教训，借鉴北京和天津的发展优势，在稳定经济增长的基础上逐步实现经济转型和产业升级，积极对接京津的高新技术产业，以完善整个产业链，推动京津冀区域的产业协同发展。

三、妥善处理经济增速与结构调整的关系

在经济转型的关键时期，经济增长速度应维持在一个合理的范围内，不宜盲目采用过去的高速增长模式。对高速增长的过度追求往往依赖于传统的产业结构，这不利于产业结构的优化与升级，还会阻碍经济的可持续发展。

在这一阶段，妥善处理经济增速与结构调整的关系显得尤为重要。对此，应适当放缓经济增速，以确保经济发展的质量和结构调整的优先性。只有通过稳步推动产业结构升级，才能实现地区经济的稳定与协调发展。

当前，我国经济正面临短期内下行压力持续增大的挑战，但人们不能因短期的经济波动而忽视调整产业结构的长期目标，不能为了追求经济增长速度而牺牲必要的产业结构升级。产业结构的调整是保持地区经济活力和持续发展动力的关键途径，是一项长期的发展战略。在国家政策的支持和地方政府的积极配合下，京津冀地区在协同发展的关键时期，必须抓住结构调整的机遇，调整各自的滞后产业结构，并全力培育区域内新的经济增长点。

参考文献

参考文献

[1] 马克思：《资本论》，郭大力、王亚南译，上海三联书店 2009 年版。

[2] 傅家骥：《技术创新学》，清华大学出版社 1998 年版。

[3] 熊彼特：《经济发展理论：对于利润、资本、信贷、利息和经济周期的考察》，何畏、易家祥译，商务印书馆 1990 年版。

[4] 黄丕铂、严娟：《云南省农业重点产业科技创新研究》，云南科技出版社 2023 年版。

[5] 毛明芳：《湖南打造具有核心竞争力的科技创新高地》，湖南大学出版社 2021 年版。

[6] 李成华、李炫华：《科技创新：中学卷》，西北大学出版社 2020 年版。

[7] 陈兴、丁涵、王欣：《科技创新应用导论》，北京理工大学出版社 2021 年版。

[8] 周德进、陈朴：《新时代科技创新突破》，山东科学技术出版社 2022 年版。

[9] 山东省科学技术协会：《科技创新时代：纪念改革开放 40 周年》，山东科学技术出版社 2018 年版。

[10] 王婉：《科技创新与科技成果转化》，中国经济出版社 2018 年版。

[11] 彭文晋：《科技成果转化概论》，羊城晚报出版社 2008 年版。

[12] 向善荣：《农业科技成果转化与产业化》，江西高校出版社 1997 年版。

[13] 许健：《科技成果转移转化与科技招商引资研究》，云南科技出版社 2022 年版。

[14] 章琰、姜全红、汤鹏翔：《科技成果转化导论》，北京航空航天大学出版社 2024 年版。

[15] 王健：《高校科技成果转化分析及管理研究》，华南理工大学出版社 2024 年版。

[16] 赵峰、罗林波：《科技成果转化的六大关键》，华中科技大学出版社 2024 年版。

[17] 石玉敏、靳辉：《生态环境科技成果转化模式》，沈阳出版社 2023 年版。

[18] 孙吉红、朱新祥、丁涛：《面向云南科技成果转化智能服务领域的研究》，云南科技出版社 2023 年版。

[19] 张玉华、原振峰：《高校科技成果转化嵌套共生平台治理范式研究》，上海交通大学出版社 2023 年版。

[20] 吴寿仁：《科技成果转化政策导读》，上海交通大学出版社 2019 年版。

[21] 陈光、王永杰：《区域技术创新系统研究论纲：兼论中国西部地区的技术创新》，《中国软科学》1999 年第 2 期。

[22] 张亚峰、刘海波、陈光华，等：《专利是一个好的创新测量指标吗？》，《外国经济与管理》2018 年第 6 期。

[23] 裴琴、陈可：《高职科技成果转化与创新创业人才培养联动促进机制探索》，《现代职业教育》2024 年第 31 期。

[24] 王淑英、付宇：《高新区科技成果转化水平提升的多维度分析与实践路径探讨》，《中州学刊》2024 年第 10 期。

[25] 牛博文：《科技成果转化地方立法现状、问题及完善路径》，《河北法学》2024 年第 11 期。

[26] 卢洋：《地方高校科技成果转化现状分析及对策建议》，《沈阳大学学报（社会科学版）》2024 年第 5 期。

[27] 张亚明、赵科、刘海鸥，等：《协同创新驱动科技成果转化效率提升的多元路径与异质性研究》，《中国科技论坛》2024 年第 10 期。

[28] 蓝文婷：《新质生产力发展需求下高校科技成果转化质效提升研究》，《江苏高教》2024 年第 10 版。

[29] 章恒、聂俊：《合肥市承接科技成果转化创新实践及思考》，《安徽科技》2024 年第 9 期。

[30] 胡蕙芳、何炳华：《基于创新链和产业链融合的科技成果转化机制和路径研究》，《浙江工商职业技术学院学报》2024 年第 3 期。

[31] 张可云、张杰彬：《推动科技创新和产业创新融合发展的关键环节和实现路径》，《前线》2024 年第 9 期。

[32] 江海、资智洪、袁杰：《我国跨区域协同创新下的科技成果转化效率提升路径研究》，《中国高校科技》2024年第8期。

[33] 陈玉明、陈明敏：《基于第五代创新模型下的科技成果转化研究：以科研机构为例》，《电子质量》2024年第8期。

[34] 邓丽丽、孙敬延：《辽宁省科技成果转化存在的问题及对策研究》，《中国科技产业》2024年第7期。

[35] 王瑞萍、朱政江、张海晨：《创新思路下的科技成果转移转化路径研究：以山西科技成果转化实践为例》，《科技创新与生产力》2024年第6期。

[36] 洪群联：《推动科技与经济深度融合的改革路径》，《人民论坛》2024年第10期。

[37] 李兴伟：《地方高校科技成果转化股权化改革之路》，《中国高教研究》2024年第5期。

[38] 杨钰黎：《推进科技创新和科技成果转化同时发力的四川实践研究：学习贯彻习近平同志来川视察重要指示精神》，《毛泽东思想研究》2024年第2期。

[39] 郭金忠、刘成勇、刘晓玲，等：《中国高校科技创新效率及影响因素的实证分析：科技成果产出和转化两阶段视角》，《科技管理研究》2024年第6期。

[40] 毛笛、宣勇：《高校科技成果转化赋能共同富裕：区域创业与创新的链式中介作用》，《国家教育行政学院学报》2024年第2期。

[41] 张二金：《高校科技成果转化：理论框架、现实困境与未来图景》，《江苏高教》2024年第1期。

[42] 何仕贤：《产学研融合视角下肇庆市科技成果转化机制研究》，《产业科技创新》2024年第1期。

[43] 贾男：《应用型高校科技成果转化机制创新的实践与探索：以浙江万里学院为例》，《江苏科技信息》2023年第35期。

[44] 陈一芳、王顺林：《科技创新券、技术产品推广比例与科技成果转化：基于改进型最小费用最大流模型》，《科技管理研究》2023年第16期。

[45] 平霰、危怀安、谭智方，等：《科技成果转化激励政策：工具特征、话语

转向及演进逻辑》，《中国科技论坛》2023 年第 6 期。

[46] 霍国庆：《科技成果转化的两种基本模式》，《智库理论与实践》2022 年第 5 期。

[47] 晏文隽、陈辰、冷奥琳：《数字赋能创新链提升企业科技成果转化效能的机制研究》，《西安交通大学学报（社会科学版）》2022 年第 4 期。

[48] 周均旭、刘子俊：《创新价值链视角下人力资本结构高级化对科技创新的影响：兼论研发投入的门槛效应》，《科技管理研究》2022 年第 10 期。

[49] 林青宁、毛世平：《自主创新与企业科技成果转化：补助亦或政策》，《科学学研究》，2023 年第 1 期。

[50] Manual Oslo, "The measurement of scientific and technological activities," Proposed guidelines for collecting an interpreting technological innovation data 30,no.162 (2005): 385–395.

[51] Morgan Kevin, "The learning region: institutions, innovation and regional renewal," Regional studies 41，no.S1 (2007):S147–S159.

[52] Croitoru Alin, "The theory of economic development: An inquiry into profits, capital, credit, interest and the business cycle.," Journal of comparative research in anthropology and sociology 3,no.2 (2012): 137–148.

[53] Sachs Jeffrey D, "From millennium development goals to sustainable development goals," The lancet 379,no.9832 (2012): 2206–2211.

[54] Ashford Nicholas A and Ralph P. Hall, "The importance of regulation–induced innovation for sustainable development," Sustainability 3,no.1 (2011): 270–292.

[55] Griliches Zvi, "Issues in assessing the contribution of research and development to productivity growth," The bell journal of economics (1979): 92–116.

[56] Cooke Philip, "Regional innovation systems: competitive regulation in the new Europe," Geoforum 23,no.3 (1992): 365–382.

附 录

京津冀概念验证平台和中试熟化基础清单（第一批）

一、北京市概念验证平台

序号	平台名称	主要服务领域／产业
1	医疗器械及创新药物概念验证平台 首都医科大学	医疗器械、创新药物
2	北京市医药健康临床概念验证平台 北京友谊医院	医药健康
3	创新医疗器械概念验证平台 北京昌科华光科技有限公司	医疗器械
4	全球健康产业创新中心概念验证平台 荷塘探索国际健康科技发展（北京）有限公司	医药健康
5	北京中科概念验证平台 中国科学院科技创新发展中心	综合、智能制造与装备
6	"星空间"概念验证平台 中国科学院国家空间科学中心	智能制造与装备
7	高端成形制造技术及装备概念验证平台 北京机科国创轻量化科学研究院有限公司	智能制造与装备
8	智能装备用高端零部件及元器件概念验证平台 中机生产力促进中心有限公司	智能制造与装备
9	测量仪器与智能传感概念验证平台 中国计量科学研究院	测量仪器与智能传感

续表

序号	平台名称	主要服务领域/产业
10	高端智能装备概念验证平台 北京机械设备研究所	应急安防、无人智能、能源动力等智能装备领域
11	新型传感器概念验证平台 北京信息科技大学	新一代信息技术、传感器技术
12	金属粉体材料概念验证平台 有研粉末新材料股份有限公司	金属粉体材料

二、天津市概念验证平台

序号	平台名称	主要服务领域/产业
1	天津药明康德新药开发有限公司	生物医药
2	天津市汉康医药生物技术有限公司	生物医药
3	天津药物研究院有限公司	生物医药
4	有济（天津）医药科技有限公司	生物医药
5	天津瑞普生物技术股份有限公司	生物医药
6	天津德祥生物技术股份有限公司	生物医药
7	天津法莫西生物医药科技有限公司	生物医药
8	天津科盛医药技术有限公司	生物医药
9	天津济坤医药科技有限公司	生物医药
10	天津国科医疗科技发展有限公司	生物医药
11	天津海河标测技术检测有限公司	生物医药
12	天津市工业微生物研究所有限公司	生物医药
13	中汽研汽车检验中心（天津）有限公司	新能源、智能科技、汽车工业
14	中关村硬创空间（天津）科技有限公司	智能科技、新材料、汽车工业
15	天津常道盛业科技有限公司	智能科技、装备制造、汽车工业

序号	平台名称	主要服务领域／产业
16	天津盛启供应链科技集团有限公司	智能科技
17	两航（天津）数字科技有限公司	智能科技、航空航天、其他
18	天津包钢稀土研究院有限责任公司	新材料

三、河北省中试熟化基地

序号	平台名称	主要服务领域／产业
1	高品质先进金属材料中试熟化基地	1. 前沿性高端钢铁材料 2. 前沿性高端特种合金新材料
2	生物工程产业中试熟化与产业化基地	生物制造／生物化工
3	沧州渤海新区临港经济技术开发区中试熟化基地建设	绿色化工、新材料、生物医药等产业
4	河北石家庄循环化工园区化学共享试验中心项目	化工新材料、精细化工、生物医药、电子信息
5	轨道交通新材料产业化中试熟化基地建设	轨道交通装备产业
6	多抗优质棉花新品种中试熟化基地建设	农业／棉花种子产业
7	国际基因细胞新药研发成果转化基地	细胞新药产业
8	药物研发创新技术中试熟化基地	医药制造
9	百吨高性能碳纤维复合材料中试基地建设项目	复合材料
10	盐碱地植物高值化中试熟化基地建设	农产品加工业

续 表

序号	平台名称	主要服务领域／产业
11	先进碳化硅单晶材料中试熟化基地	电子信息
12	河北京南技术转移示范区（衡水高新区）新材料新能源与大健康科技成果中试熟化与产业化基地	新材料、新能源与大健康产业
13	河北保定经济开发区氢能技术科技成果中试熟化与产业化基地	检验检测／新能源